Gerald Lichtenegger

Die Collatz-Vermutung

Gerald Lichtenegger

Die Collatz-Vermutung

Eine logische Beweisführung
zur Lösung des 3n+1-Problems

Bibliografische Information der Deutschen Nationalbibliothek: Die Deutsche Nationalbibliothek verzeichnet diese Publikation in der Deutschen Nationalbibliografie; detaillierte bibliografische Daten sind im Internet über http://dnb.dnb.de abrufbar.

Die automatisierte Analyse des Werkes, um daraus Informationen insbesondere über Muster, Trends und Korrelationen gemäß §44b UrhG („Text und Data Mining") zu gewinnen, ist untersagt.

© 2025 Gerald Lichtenegger

Verlag: BoD · Books on Demand GmbH, Überseering 33, 22297 Hamburg, bod@bod.de

Druck: Libri Plureos GmbH, Friedensallee 273, 22763 Hamburg

ISBN: 978-3-8192-3029-5

Inhaltsverzeichnis

1. Das Problem und die Fragen

Zum „Collatz-Problem" findet man bei Wikipedia:

Das Collatz-Problem, auch als (3n+1)-Vermutung bezeichnet, ist ein ungelöstes mathematisches Problem, das 1937 von Lothar Collatz gestellt wurde. Es hat Verbindungen zur Zahlentheorie, zur Theorie dynamischer Systeme und Ergodentheorie und zur Berechenbarkeitstheorie in der Informatik.

Das Problem ist zwar einfach zu formulieren, aber notorisch schwierig. Jeffrey Lagarias, der als Experte für das Problem gilt, zitiert eine mündliche Mitteilung von Paul Erdős, der es als „absolut hoffnungslos" bezeichnete.

https://de.wikipedia.org/wiki/Collatz-Problem [20.3.2025]

und weiter in Wikipedia:

Einleitung

Bei dem Problem geht es um Zahlenfolgen, die nach einem einfachen Bildungsgesetz konstruiert werden:

- Beginne mit einer beliebigen natürlichen Zahl $n > 0$.

- Ist n gerade, so nimm als nächstes $n/2$.

- Ist n ungerade, so nimm als nächstes $3n + 1$.

- Wiederhole die Vorgehensweise mit der erhaltenen Zahl.

https://de.wikipedia.org/wiki/Collatz-Problem [20.3.2025]

Warum es überhaupt zu einem Collatz-Problem kam, beschreibt Wikipedia:

[...] Der nächste Versuch ist die Collatz-Funktion

C: $\mathbb{N} \to \mathbb{N}$, C (n) = n/2 wenn n gerade ist, 3n + 1 wenn n ungerade ist.

Zu dieser Funktion fand Collatz nur den „trivialen Kreis" (1, 4, 2, 1) – er schrieb, er habe seine Ideen deshalb nicht veröffentlicht, weil er nicht beweisen konnte, dass der „triviale Kreis" der einzige sei. Die Collatz-Vermutung ist in graphentheoretischer Formulierung die Vermutung, dass der Collatz-Graph von C zusammenhängend ist.

https://de.wikipedia.org/wiki/Collatz-Problem [08.01.2025]

Beim Collatz-Problem geht es demnach um Zahlenfolgen. Eine Zahl n (n $\in$ $\mathbb{N}$) wird nach zwei bestimmten Regeln modifiziert: Ist eine natürliche Zahl n ungerade, wird sie mit 3 multipliziert und 1 addiert (3n + 1). Ist die Zahl gerade, wird sie durch zwei dividiert (n/2). Wiederholt man diesen Vorgang, so kommt man schließlich zur Zahlenfolge 1 – 4 – 2 – 1. Da 1 ungerade ist, würde man, wenn man erneut 1 als Startzahl nimmt, in einem Zyklus (auch Schleife oder Zirkel genannt) landen.

Anmerkung: des Autors: Das in manchen Artikeln verwendete Wort „Zykel" gibt es laut Duden nicht. Es scheint eine verunfallte Mischung aus Zyklus und dem englischen Wort „cycle" zu sein.

https://www.duden.de/suchen/dudenonline/Zykel [08.01.2025]

Das Collatz-Problem wird oft als sehr einfach zu verstehendes Problem bezeichnet, weshalb im Folgenden Antworten auf einfach zu verstehende Fragen, die im Internet gefunden wurden, gesucht werden:

1. Gibt es eine maximale Anzahl von Schritten, nach denen die Modifikationen enden?

2. Was sind Schleifen und was ist ihre Rolle beim Collatz-Problem?

3. Warum enden alle bisher bekannten Zahlen, die nach den Collatz-Regeln modifiziert werden, in einer Endlos-Schleife 1–4–2–1? Gibt es andere Schleifen, in denen die Modifikationen enden können?

4. Enden alle natürlichen Zahlen, die gemäß den Collatz-Regeln modifiziert werden, bei 1 oder gibt es eine oder mehrere Zahlen, die nie in einer Schleife enden, **sondern unendlich größer werden oder zumindest zu einem Zahlenraum gehören, der nie endet**, weder bei 1 noch in einem anderen Zyklus?

5. Gibt es interessante Erweiterungen oder Umformulierungen des Collatz-Problems?

Die Collatz-Vermutung geht nun davon aus, dass alle natürlichen Zahlen irgendwann bei 1 landen. Nicht die Schleife wäre also das Ziel, sondern 1.

2. Zahlenanalyse

2.1. Zahlenreihen

Bei der Betrachtung bisheriger Erklärungsversuche fällt bei vielen davon die unsystematische Herangehensweise auf. Wenn man beliebige Beispiele mit Starwerten anführt, bei denen die Zahlen in keinem Zusammenhang stehen, so erhält man auch Ergebnisse (Zahlenreihen), die in keinem Zusammenhang stehen oder zu stehen scheinen. Wenn man bei der Vorstellung des Collatz-Problems mehrere beliebige Zahlenfolgen parallel aufschreibt, sieht das so aus:

9 – 28 – 14 – 7 – 22 – 11 – 34 – 17 – 52 – 26 – 13 – 40 – 20 – 10 – 5 – 16 – 8 – 4 – 2 – 1

23 – 70 –35 – 106 – 53 – 160 – 80 – 40 – 20 – 10 – 5 –16 – 8 – 4 –2 – 1

113 – 340 – 170 – 85 – 256 – 128 – 64 – 32 – 16 – 8 – 4 – 2 – 1

227 – 682 – 341 – 1024 – 512 – 256 – 64 – 32 – 16 – 8 – 4 – 2 – 1

533 – 1600 – 800 – 400 – 200 – 100 – 50 – 25 – 76 – 38 – 19 – 58 – 29 – 88 – 44 – 22 – 11 – 34 – 17 – 52 – 26 – 13 – 40 – 20 – 10 – 5 – 16 – 8 – 4 – 2 – 1

Die Zahlenreihe für die obige Startzahl 533 benötigt 30 Modifikationsschritte bis zur Zahl 1 und erstreckt sich bereits über zwei Zeilen. Meist wird in Zusammenhang mit der Modifikationslänge auch noch die Zahlenreihe für die Zahl 27 aufgeschrieben, die 111 Modifikationsschritte bis 1 benötigt.

Man kann bei dieser Darstellung Zusammenhänge nur schwer erkennen. Wir wollen deshalb versuchen, uns einen besseren Überblick zu verschaffen, indem wir möglichst viele Zahlen zusammenhängend betrachten. Da dies aber bei vielen Zahlen zu sehr langen Ketten führt und vollkommen unübersichtlich ist, wurde im Folgenden die Darstellung vereinfacht, in Form von Stoppzahlentabellen.

2.2. Gerade Zahlen

Zunächst unterscheiden wir zwischen geraden und ungeraden Zahlen. Als erstes schreiben wir die geraden Zahlen untereinander und modifizieren sie, bis wir eine ungerade Zahl erhalten.

Das Ergebnis ist einfach. Die 2er-Potenzen (2n) führen direkt zur Zahl 1. Alle anderen geraden Zahlen enden bei einer ungeraden Zahl. Wir nennen sie **Stoppzahl,** da wir die Collatz-Modifikation hier **vorläufig** abbrechen; sie wird dann in der Tabelle der ungeraden Zahlen als Startzahl fortgesetzt. Bei den 2er-Potenzen ist 1 die Stoppzahl und gleichzeitig das Ende, da man mit 1 direkt in den Schleifenmodus (Zyklus) kommt.

Die Zahlen in den einzelnen **Teilungsspalten** (Ts1, Ts2 etc.) entsprechen der Reihe der natürlichen Zahlen, das bedeutet, in jeder Teilungsspalte werden alle natürlichen Zahlen aufscheinen, jeweils mit 1 beginnend. Die Abstände der Zahlen in den Spalten nehmen, rechnerisch bedingt, von Spalte zu Spalte zu, die Zahlenfolge bleibt immer gleich. Eine neue Spalte beginnt mit dem Auftreten der nächsten Zweier-Potenz.

Da bei geraden Zahlen nur Teilungen durch 2 angewendet werden, treten bei jeder Verdoppelung einer Startzahl gleiche Stoppzahlen auf.

Wir können daraus schließen, dass wir die Antwort auf die Frage, ob alle Collatz-Modifikationen bei 1 enden, bei den ungeraden Zahlen suchen müssen. Wir betrachten daher im Folgenden die ungeraden Zahlen.

2.3. Ungerade Zahlen

Wir haben in Tabelle 2 alle ungeraden Zahlen von 1 bis 3099 gelistet und nach den Collatz-Regeln modifiziert. Die erste Spalte enthält die **Startzahlen**. Die nächste Spalte nennen wir **Multiplikationsspalte**, die Spalten danach nennen wir **Teilungsspalten** (Ts) und nummerieren sie. Die erste ungerade Zahl nach der Startzahl nennen wir **Stoppzahl**, da die Modifikationen für die betrachtete Zeile hier enden. Eine Stoppzahl verweist auf eine neue ungerade Startzahl, bei der wir fortsetzen müssen **(Neustart einer Modifikationsreihe)**.

Startz.	Ts 1	Ts 2	Ts 3	Ts 4	Ts 5	Ts 6	Startz.	Ts 1	Ts 2	Ts 3	Ts 4	Ts 5	Ts 6
2	1						54	27					
4	2	1					56	28	14	7			
6	3						58	29					
8	4	2	1				60	30	15				
10	5						62	31					
12	6	3					64	32	16	8	4	2	1
14	7						66	33					
16	8	4	2	1			68	34	17				
18	9						70	35					
20	10	5					72	36	18	9			
22	11						74	37					
24	12	6	3				76	38	19				
26	13						78	39					
28	14	7					80	40	20	10	5		
30	15						82	41					
32	16	8	4	2	1		84	42	21				
34	17						86	43					
36	18	9					88	44	22	11			
38	19						90	45					
40	20	10	5				92	46	23				
42	21						94	47					
44	22	11					96	48	24	12	6	3	
46	23						98	49					
48	24	12	6	3			100	50	25				
50	25						102	51					
52	26	13					104	52	26	13			

Tabelle 1: Collatz-Modifikation der gerade Zahlen

Die erste Zahl, die wir modifizieren, ist 1, die Modifikationen enden bei 1. Wir haben also durch Modifikation der Startzahl 1 ein Ende erreicht. Da die Zahlen, die zunächst alle schwarz sind, nun bei 1 enden, markieren wir 1 (Startzahl und Stoppzahl) rot.

In der Zeile mit der Anfangszahl 5 kann man sehen, dass die Modifikationen eben-falls zu der als Ende definierten Zahl 1 führen. Die mit 5 beginnende Zahlenreihe führt also zu einem Ende und wir markieren in der gesamten Tabelle die Zahl 5 rot. Die Startzahlen 1 und 5 haben also einen Lösungsweg, wobei das Wort Lösungsweg nur von uns so gewählt wurde, weil die Zahlenreihen zu einem Ende führen. Die Collatz-Anweisungen selbst stellen keine Aufgabe, die gelöst werden muss.

Startz.	Mult.	Ts 1	Ts 2	Ts 3	Ts 4	Ts 5	Ts 6
1	4	2	1				
3	10	5					
5	16	8	4	2	1		
7	22	11					
9	28	14	7				
11	34	17					
13	40	20	10	5			
15	46	23					
17	52	26	13				
19	58	29					
21	64	32	16	8	4	2	1
23	70	35					
25	76	38	19				
27	82	41					
29	88	44	22	11			
31	94	47					
33	100	50	25				
35	106	53					
37	112	56	28	14	7		
39	118	59					
41	124	62	31				
43	130	65					
45	136	68	34	17			
47	142	71					
49	148	74	37				
51	154	77					

Startz.	Mult.	Ts 1	Ts 2	Ts 3	Ts 4	Ts 5	Ts 6	Ts 7	Ts 8
53	160	80	40	20	10	5			
55	166	83							
57	172	86	43						
59	178	89							
61	184	92	46	23					
63	190	95							
65	196	98	49						
67	202	101							
69	208	104	52	26	13				
71	214	107							
73	220	110	55						
75	226	113							
77	232	116	58	29					
79	238	119							
81	244	122	61						
83	250	125							
85	256	128	64	32	16	8	4	2	1
87	262	131							
89	268	134	67						
91	274	137							
93	280	140	70	35					
95	286	143							
97	292	146	73						
99	298	149							
101	304	152	76	38	19				
103	310	155							

Tabelle 2: Collatz-Modifikation der ungeraden Zahlen

In der Reihe, die mit 3 beginnt, sehen wir, dass die Modifikation bei 5 stoppt und 5 wurde zuvor als Lösungsweg erkannt. Das bedeutet, wir können die Zahl 3 und ihre Modifikationen vor den Lösungsweg 5 stellen und haben mit der Zahl 3 einen neuen Lösungsweg. Die Zahl 3 ist in dem Fall ein (ungerader) **Vorgänger** von 5 und damit ebenfalls ein Lösungsweg:

3 – 10 – 5 – 16 – 8 – 4 – 2 – 1. Die Bezeichnung Vorgänger verwenden wir nur für ungerade Zahlen.

Stoppzahl und Vorgänger werden nun in der Tabelle rot dargestellt. Das führen wir nun mit den weiteren ungeraden Zahlen fort. Die Zahl 3 wird aus rechnerischen Gründen nicht mehr auftauchen, aber die Zahl 5 scheint bei 13 als Stoppzahl auf. 13 ist ein Vorgänger des Lösungsweges 5, also ein weiterer Vorgänger und damit auch ein neuer Lösungsweg. 13 wird ebenfalls rot markiert. Wir sehen an dieser Stelle, dass Stoppzahlen verschiedene Vorgänger haben können.

Das können wir nun bei den anderen Zahlen fortsetzen. Jeder Vorgänger, den wir an anderer Stelle als Stoppzahl wiederfinden, ergibt einen neuen Lösungsweg durch den neuen Vorgänger. Wir ersparen uns durch diese Darstellung das Niederschreiben der vollständigen Lösungswege.

Nach und nach werden mit dieser Methode immer mehr Zahlen als Lösungswege erkannt. Wir sehen dabei, dass viele Lösungswege über die Zahl 5 führen, aber nicht alle. Der Ausschnitt aus der Tabelle ist zu kurz, sonst könnten wir sehen, dass weit mehr Zahlenreihen nicht über die Zahl 5 führen. Das führt uns zum nächsten Absatz.

Sonderfall 2er-Potenzen: Es gibt Fälle, die nicht über 5 führen. So führt die Zahl 21 direkt zur Zahl 1, ebenso die Zahlen 85 und 341. Das deshalb, weil die Modifikation $3n + 1$ bei diesen Zahlen eine Potenz der Zahl 2 mit geradem Exponenten bildet (2^6, 2^8 und 2^{10}) und danach bis zur Zahl 1 teilbar bleibt. Diese Potenzen sind, nach Abzug von 1, durch 3 teilbar (umgekehrtes Collatz-Verfahren). Rückblickend betrachtet gilt das auch für die Zahlen 4 (2^2) und 16 (2^4) und damit für die ungeraden Zahlen 1 und 5. Es ist offensichtlich, dass bei Zweier-Potenzen die Division durch 2 ohne weiteren Umweg über eine andere ungerade Zahl bis zur Zahl 1 geführt werden kann. Zweier-Potenzen mit ungeradem Exponenten werden in dieser Tabelle in der Multiplikationsspalte nicht auftauchen, da es keine ungerade Zahl gibt, die durch die Modifikation $3n + 1$ zu einer Zweier-Potenz mit ungeradem Exponenten führt.

Sonderfall Zahl 3 und Vielfache: Vielfache von 3 tauchen in der Tabelle nicht als Stoppzahlen auf. Um zu sehen warum, wenden wir die Collatz-Modifikation umgekehrt an: So müsste beispielsweise vor der Zahl 27 die Zahl 54 in der Teilungsspalte stehen, damit 27 eine Stoppzahl sein kann. Aber (54 − 1)/3 ergibt keine ganze Zahl, ebenso die nächste Verdoppelung 108 und alle weiteren Verdoppelungen. Vor den Vielfachen von 3 können keine ungeraden ganzen Zahlen stehen.

Sonderfall Zahl 27: Eigentlich kein Sonderfall, nur ein etwas längerer Lösungsweg (Tabelle 2b). Man sieht in dieser Grafik den Modifikationsweg der Zahl 27 in der Turmdarstellung. Der Vorteil bei der Turmdarstellung ist, dass man in der ersten Spalte alle ungeraden Zahlen, außer 1, sieht, die in der Modifikationsreihe vorkommen und dass sie insgesamt übersichtlicher ist.

Startz.	Mult.	Ts 1	Ts 2	Ts 3	Ts 4	Ts 5
27	82	41				
41	124	62	31			
31	94	47				
47	142	71				
71	214	107				
107	322	161				
161	484	242	121			
121	364	182	91			
91	274	137				
137	412	206	103			
103	310	155				
155	466	233				
233	700	350	175			
175	526	263				
263	790	395				
395	1186	593				
593	1780	890	445			
445	1336	668	334	167		
167	502	251				
251	754	377				
377	1132	566	283			

Startz.	Mult.	Ts 1	Ts 2	Ts 3	Ts 4	Ts 5
283	850	425				
425	1276	638	319			
319	958	479				
479	1438	719				
719	2158	1079				
1079	3238	1619				
1619	4858	2429				
2429	7288	3644	1822	911		
911	2734	1367				
1367	4102	2051				
2051	6154	3077				
3077	9232	4616	2308	1154	577	
577	1732	866	433			
433	1300	650	325			
325	976	488	244	122	61	
61	184	92	46	23		
23	70	35				
35	106	53				
53	160	80	40	20	10	5
5	16	8	4	2	1	

Tabelle 2b: Zahl 27 in Turmdarstellung

2.4. Verteilung der Stoppzahlen

Wenn wir nun die Tabelle der ungeraden Zahlen (Tabelle 2b) betrachten, so sehen wir eine Regelmäßigkeit in der Verteilung der Zahlen, die auf die Modifikationen mit den Collatz-Regeln zurückzuführen ist. Die erste Modifikation (Multiplikationsspalte) führt zur Umwandlung der ungeraden Zahlen in gerade Zahlen. Sie ist immer möglich und bringt wenig Erkenntnisse. Da es sich um gerade Zahlen handelt, ist in allen Fällen zumindest eine weitere Modifikation durch Teilung möglich.

Interessanter sind die nächsten Spalten mit den Ergebnissen der Teilung durch 2. In Teilungspalte 1 (Ts 1) steht noch jeweils eine Zahl in jeder Zeile. In Teilungsspalte 2 (Ts2) nur mehr in jeder zweiten Zeile, danach in jeder vierten, in jeder achten usw. Das kann man leicht nachvollziehen. Die ungeraden Zahlen haben eine Differenz von 2, die anschließend mit 3 multipliziert wird. Der Abstand der Zahlen der Multiplikationsspalte ist also 6. Danach wird halbiert und der Abstand zwischen den Zahlen in der Teilungsspalte 1 ist 3. Nach den nächsten Halbierungen ist ein ganzzahliger Abstand nur in jeder zweiten Zeile gegeben. Die Zeilen dazwischen hätten keine ganzen Zahlen und bleiben deshalb leer. Ungerade Zahlen erfordern den Abbruch der Teilungen. Die Differenz zwischen den ganzen Zahlen, die in den Teilungsspalten vorkommen, ist – rechnerisch bedingt – immer 3.

Wenn wir nun die Zahlen, die in diesen Teilungsspalten vorkommen, betrachten, sehen wir, dass in jeder zweiten Spalte immer die gleiche Zahlenfolge auftritt. D. h. in der ersten Teilungsspalte stehen die gleichen Zahlen (2, 5, 8, 11 …) wie in der dritten, nur die Zeilenabstände sind größer, und die gleichen Zahlen tauchen in den Spalten fünf und sieben wieder auf. Dasselbe, aber mit anderen Zahlen (1, 4, 7, 10 …), gilt für die Spalten zwei, vier, sechs usw. Die Abstände der Stoppzahlen verdoppelt sich mit jeder neuen Spalte.

Die als Sonderfall behandelten Zweier-Potenzen, haben zwar andere, weil direkte Lösungswege, stören aber das Muster der Zahlen in den Modifikationsspalten nicht. Im Gegenteil: mit einer Potenz mit geradem Exponenten werden jedes Mal zwei neue Spalten initiiert, die wieder mit 2 bzw. 1 beginnen.

2.5. Vorhersage von Zahlen

Ein Zusammenhang zwischen dem Auftauchen einer Stoppzahl in den verschiedenen Spalten ist erkennbar. Die Zahlen sind das Ergebnis der regelmäßig verlaufenden Modifikationen, auch der ungeraden Zahlen. Deswegen ist das regelmäßige Auftauchen der immer gleichen Zahlen, wenn auch in unterschiedlichen Spalten, zu erwarten. Auf jede ungerade Zahl n in der Startspalte folgt eine Zahl n + 2. Alle Anfangszahlen werden nach den gleichen Regeln modifiziert.

Für die Vorhersage des Auftauchens einer Stoppzahl gibt es mehrere Möglichkeiten.

Die Einzelberechnung: Man nimmt den Wert in der Multiplikationsspalte und addiert den Startwert und erhält so die nächste Startzahl mit der gleichen Stoppzahl.

Beispiel für Stoppzahl 5:

3 + 10	13
40 + 13	53
160 + 53	213 usw.

Vereinfachte Einzelberechnung: Wenn wir nur den Startwert n und die Multiplikationsspalte addieren, erhalten wir die Vervierfachung von n plus 1, also die nächste Zahl n_2, wenn wir mit Hilfe der umgekehrten Collatz-Regeln eine Collatz-Zahlenreihe darstellen wollen. Danach können wir bei n mit 16n + 5 und 64n + 21 weiterrechnen, was aber kompliziert ist. Einfacher ist es das Ergebnis jedes Mal als neues n zu nehmen und mit 4n + 1 weiter zu rechnen.

Beispiel mit n = 7

7 + 7 + 7 + 7		
28 + 1 = 29 =	4*7 + 1	oder 4 * 7 + 1 = 29

(7 + 7 + 7 + 7)	+ 1	
(7 + 7 + 7 + 7)	+ 1	
(7 + 7 + 7 + 7)	+ 1	
(7 + 7 + 7 + 7)	+ 1	

112	+ 4 + 1 = 117 = 16*7 + 5	oder 4 * 29 + 1 = 117
112	+ 4 + 1	
112	+ 4 + 1	

112		+	4	+ 1	
112		+	4	+ 1	
448		+	16 + 4	+ 1 = 469	oder 4*117 + 1 = 469

Mit der Formel 4n + 1 können wir die nächste vorangehende ungerade Zahl berechnen. Wenn wir auf diese Zahl erneut 4n + 1 anwenden, bekommen wir die übernächste ungerade Zahl usw.

Vorgängertürme: Noch schneller geht es mit Vorgängertürmen (Tabelle 3), die je nach Möglichkeit beliebig groß sein können und mit weiteren Türmen parallel betrieben werden können. Eine Stoppzahl (Sz), für die es einen Lösungsweg gibt, wird zunächst verdoppelt und danach mit $(3n-1)/3$ rückwärts modifiziert. Wenn das eine ganze Zahl ergibt, so ist diese ein Vorgänger der Stoppzahl. Durch Wiederholung dieser Berechnung im Turm können mehrere Vorgänger gleichzeitig berechnet werden.

n: Sz	n*2	((n*2)-1)/3	n: Sz	n*2	((n*2)-1)/3	n: Sz	n*2	((n*2)-1)/3
5	10	3	13	26	8,333333333	17	34	11
	20	6,333333333		52	17		68	22,33333333
	40	13		104	34,33333333		136	45
	80	26,33333333		208	69		272	90,33333333
	160	53		416	138,3333333		544	181
	320	106,3333333		832	277		1088	362,3333333
	640	213		1664	554,3333333		2176	725
	1280	426,3333333		3328	1109		4352	1450,333333
	2560	853		6656	2218,333333		8704	2901
	5120	1706,333333		13312	4437		17408	5802,333333
	10240	3413		26624	8874,333333		34816	11605
	20480	6826,333333		53248	17749		69632	23210,33333
	40960	13653		106496	35498,33333		139264	46421
	81920	27306,33333		212992	70997		278528	92842,33333
	163840	54613		425984	141994,3333		557056	185685
	327680	109226,3333		851968	283989		1114112	371370,3333
	655360	218453		1703936	567978,3333		2228224	742741
	1310720	436906,3333		3407872	1135957		4456448	1485482,333
	2621440	873813		6815744	2271914,333		8912896	2970965
	5242880	1747626,333		13631488	4543829		17825792	5941930,333
	10485760	3495253		27262976	9087658,333		35651584	11883861
	20971520	6990506,333		54525952	18175317		71303168	23767722,33
	41943040	13981013		109051904	36350634,33		142606336	47535445
	83886080	27962026,33		218103808	72701269,00		285212672	95070890,33

Tabelle 3: Vorgängertürme für 3n + 1

Vielfache von 3 würden als Startzahl kein ganzzahliges Ergebnis liefern, da sie keine ungeraden Vorgänger haben.

Die Zeile, in der ein gültiges Ergebnis steht, entspricht der Teilungsspalte in unsere Tabelle der ungeraden Zahlen (Tabelle 2). Auf diese Weise kann die Anzahl der bis 1 benötigten Schritte abgezählt werden.

In Anhang 2 wird gezeigt, wie man mit Hilfe von Vorgängertürmen eine sehr große Anzahl von ungeraden Zahlen ($3*2^{68}$) berechnen kann, von denen man dann weiß, dass sie bis zur Zahl 1 modifiziert werden können.

Dieses ganze Kapitel 2 soll zeigen, dass die Zahlen der Collatz-Modifikationen bis zu einem gewissen Grad streng berechenbar sind. Es handelt sich also keinesfalls um „wild herumspringende" Zufallszahlen. Es werden auch keine Super- oder Monsterzahlen auftauchen, die ein völlig anderes Verhalten nach sich ziehen. Der öfter zitierte Ausdruck „Hagelschlagzahlen" mag zwar als Bild eindrucksvoll sein, gibt aber keinen Hinweis auf eine Erklärung der Zahlenreihen und ist für das Verständnis der Zahlenreihen völlig unbrauchbar.

Zur besseren Betrachtungsmöglichkeit haben wir uns in Kapitel 2 verschiedene Werkzeuge geschaffen: Stoppzahltabellen, Vorgängertürme, Turmdarstellung von Zahlenreihen und Einzelberechnungsmodus.

3. Modifikationslänge – Antwort zu Frage 1

Unsere **Frage 1** war: Gibt es eine maximale Anzahl von Schritten, nach denen die Modifikationen enden? Dazu kursieren unterschiedliche Ansichten. So heißt es etwa im Beitrag „Gibt es einen Beweis für die Collatz-Vermutung?" auf welt.de:

> [...] Diese Folge zeigt aber auch, dass konkrete Folgen durchaus von der Statistik abweichen können, denn in diesem Fall wird das Maximum nicht nach 322, sondern erst nach etwa 400 Schritten erreicht. Von solchen Abweichungen leben die Rekordhalter. Eine bekannte Folge, die am längsten durchhält, hat den Startwert n = 7.219.136.416.377.236.271.195. Erst nach 1848 = 36,72*ln(n) Schritten findet T(n) bei 1 ihr Ende. Aber auch für solche Abweichler hat die Statistik Aussagen parat. So dürfte es keine Folge geben, die mehr als 41,68*ln(n) Schritte bis zu ihrem Ende braucht. [...]
>
> *https://www.welt.de/wissenschaft/article160308540/Gibt-es-einen-Beweis-fuer-die-Collatz-Vermutung.html [10.10.2024]*

Das ist seltsame Verkennung der Eigenschaften der natürlichen Zahlen. Nehmen wir an, in einer Modifikationsreihe würde eine Zahl n stehen, die die „errechneten" 41,68*ln(n) Schritte benötigt. Die Zahl n hätte also eine Lösung und es muss eine natürliche Zahl sein. Somit können wir sie mit 2 multiplizieren und hätten einen Modifikationsweg, der um 1 länger ist. Mit einem Vorgängerturm könnten wir n 100 Mal verdoppeln und hätten damit 100 zusätzliche Schritte. Daneben gäbe es nach jeder zweiten Verdoppelung ungerade Abzweigungen von den geraden Zahlen, die alle längere Modifikationswege als n hätten.

Es gibt aber auch andere Ansichten zum Thema Modifikationslänge:

> [...] Die letzten drei Beispiele zeigen, dass es für den Maximalwert der Collatz-Folgen keine obere Schranke gibt. Ebenso gibt es demnach auch keine obere Schranke für die Länge einer Collatz-Folge. [...]
>
> *https://www.wikiwand.com/de/Collatz-Problem (kein Autor angegeben) [10.10.2024]*

Es gibt keine natürliche Zahl, die wir nicht mit 2 multiplizieren können und das Ergebnis ebenso und immer wieder, wobei wir bei jedem Schritt die Modifikationslänge erhöhen.

Wir können also **Frage 1** – gibt es eine maximale Anzahl von Schritten, nach denen die Modifikationen enden – mit nein beantworten.

Der Ansatz, über die Modifikationslänge zu einem Ergebnis bei der Collatz-Vermutung zu kommen, ist ein Irrweg.

4. Der 1-4-2-1-Zyklus – Antwort zu Frage 2

Als Besonderheit beim Collatz-Problem wird oft der Zyklus angesehen, der bei Erreichen der Zahl 1 auftritt, wenn man 1 wieder als Startzahl auswählt. Warum das als Besonderheit angesehen wird, ist unklar, wenn man sich ansieht, was hinter diesem Zyklus steht oder wie es dazu kommt. Es gibt für die Variante 3n + 1 zwei Erklärungen.

4.1. Zweier-Potenzen

Wir haben festgestellt, dass Zahlen, die in der Multiplikationsspalte eine Zweier-Potenz mit geradem Exponenten erzeugen, immer direkt zur Zahl 1 führen.

In der Multiplikationsspalte von Tabelle 4 stehen immer Zweier-Potenzen mit geradem Exponenten. Wenn wir z. B. die Zahl finden, die in der Multiplikationsspalte 2^{20} erzeugt, so wissen wir, ohne dass wir es ausrechnen müssen, dass diese Zahl nach zwanzig Division durch 2 zur Zahl 1 führt. Und die Zahl 1 ist eine Zahl, die in der Multiplikationsspalte zu einer Zweier-Potenz führt, nämlich (2^2). Wir wissen also in dem Moment, in dem wir diese Modifikation ausgeführt haben, wo die anschließenden Divisionen hinführen werden. Es gibt demnach keinen Grund, sich über das Ergebnis zu wundern. Genaugenommen gibt es auch keinen Grund, noch einmal mit 1 zu beginnen, wenn wir wissen, welche Zahl die Startzahl 1 in der Multiplikationsspalte erzeugen wird und das Ende der Collatz-Modifikationen die Zahl 1 ist, außer man hofft, dass der Computer sich irgendwann einmal verrechnet. Die Betonung der Endlos-Schleife ist eher dazu da, jemand zu beeindrucken.

1	4	2	1										
5	16	8	4	2	1								
21	64	32	16	8	4	2	1						
85	256	128	64	32	16	8	4	2	1				
341	1024	512	256	128	64	32	16	8	4	2	1		
1365	4096	2048	1024	512	256	128	64	32	16	8	4	2	1

Tabelle 4: Lösungsweg von Zweierpotenzen

4.2. Vervierfachung

Aber es gibt noch eine weitere Erklärung für das Auftreten des Zyklus. Sie erscheint noch viel einfacher. Nennen wir sie **3n + x**, da wir außer der Variante 3n + 1 auch andere Varianten einbeziehen. Man muss sich dazu nur vor Augen halten, was 3n + x rechnerisch bedeutet, wenn wir n = x setzen.

```
3n + x          | n = x
4n              | :2
2n              | :2
n
```

Wir haben also bei der Standard-Collatz-Modifikation im ersten Schritt den Startwert vervierfacht und sollten uns nicht wundern, dass wir durch zweimalige Division wieder beim Startwert angelangt sind.

Weitere Beispiele für Startwertvervierfachung, wenn wir für x verschiedene ungerade Werte einsetzen und anschließend den Startwert n = x nehmen:

```
3n + 1:         | n = 1         1 - 4 - 2 - 1
3n + 3:         | n = 3         3 - 12 - 6 - 3
3n + 5:         | n = 5         5 - 20 - 10 - 5
3n + 7:         | n = 7         7 - 28 - 14 - 7      usw.
```

Die Betonung des Zyklus scheint also etwas aufgebauscht zu sein: Er ist erklärbar und mit anderen Zahlen leicht wiederholbar. Und es scheint vollkommen sinnbefreit zu sein, den Zyklus immer wieder von Neuem zu starten, wo doch vom Start weg klar ist, was herauskommen wird.

4.3. Was sind Schleifen

Zur Rolle der Zyklen muss man folgendes festhalten: Erstens gibt es bei anderen Modifikationsvarianten andere Zyklen, die nicht durch Vervierfachung erklärbar sind. Zweitens: Wir brauchen Zyklen (oder Schleifen oder Zirkel), denn sie zeigen uns das Ende einer Modifikationsreihe an. Das Ende deshalb, da in einem Zyklus keine neuen Zahlen mehr auftauchen werden. Die Zahlen im Zyklus sind bereits vorher in der Modifikationsreihe vorhanden. Die erste Zahl eines Zyklus ist gleichzeitig das Ende einer Modifikationsreihe.

Es scheint sinnvoll zu sein, Modifikationsreihe und Zyklus so weit zu trennen, dass der Zyklus nicht mehr Teil der Zahlenreihe ist, sondern nur der Indikator für das Ende der Zahlenreihe.

Damit ist die anfangs gestellte **Frage 2** – Was sind Schleifen und was ist ihre Rolle beim Collatz-Problem – beantwortet.

5. Die Formel 3n + x – Antwort zu Frage 3

Wir arbeiten weiterhin mit der Formel 3n + x und verschiedenen ungeraden Werten für x. Für gerade Zahlen bleibt $n/2$ erhalten.

5.1. Die Zyklen

Wir nehmen die Formel 3n + x und sehen uns an, wie sich die Zahlenreihen entwickeln, wenn wir x verändern. Es ist aber sinnvoll, dass x nur eine ungerade natürliche Zahl ist, da nur dann die Zahlenreihen mit der ursprünglichen Formel 3n + 1 vergleichbar sind. Gerade x würden in der Multiplikationsspalte ungerade Zahlen erzeugen.

Wir sehen in Tabelle 5, dass wir hier durch Multiplikation und Division an jeder Stelle Vielfache von 3 erzeugen, was von der Formel 3n + 3 zu erwarten ist.

In Tabelle 6 sehen wir, dass alle Vielfachen von 7 als Startzahl in einem Zyklus 7 enden. Alle anderen Startzahlen enden im Zyklus 5. Zahlen, die eine Zweier-Potenz in der Multiplikationsspalte bilden, führen wie immer zu 1, aber in diesem Fall ist bei 1 nicht Schluss, sondern 1 führt zu 5 und damit zum Zyklus 5. Ist die Startzahl ein Vielfaches von 7, so sind alle weiteren Zahlen der Modifikationsreihe ebenfalls Vielfache von 7.

Wie wir in Tabelle 7 sehen, gibt es bei der Modifikationsanweisung 3n + 5 mehrere Zyklen. Bei Zyklus 1 und Zyklus 5 tritt der Zyklus ohne weitere ungerade Zahl in der Modifikationsreihe auf. Bei Zyklus 19 und Zyklus 23 stehen zwischen den Start- und den Stoppzahlen weitere ungerade Zahlen, die zu einem sekundären Zyklus führen. Benannt wurden die Zyklen nach der kleinsten ungeraden Zahl im Zyklus.

Allerdings gibt es in bei 3n + 5 noch weitere Zyklen: 187, 347 und möglicherweise mehr. Wie viele Zyklen es bei der Modifikationsanweisung 3n + 5 tatsächlich gibt, wurde nicht geklärt, denn für die weitere Analyse wurde ohnehin nur der Zyklus 5 verwendet. Auch bei diesen Zyklen führen die darin enthaltenen ungeraden Zahlen zu sekundären Zyklen.

Bei Zyklus 1 ist es im Grund ähnlich wie bei 3n + 1: Zweier-Potenzen führen direkt zur Zahl 1. Die Zahl 1 bildet bei der Multiplikation eine Zweier-Potenz (2^3), in dem

Fall eine Zweier-Potenz mit ungeradem Exponenten. Alle weiteren Zweier-Potenzen mit ungeradem Exponenten führen naturgemäß ebenfalls zu 1, wo wir in den Zyklus 1 eintreten. Das gilt auch für alle Vorgänger der Startzahlen, die zu den Zweier-Potenzen führen.

1	6	3									Zyklus 3								
3	12	6	3								Zyklus 3								
5	18	9	30	15	48	24	12	6	3		Zyklus 3								
7	24	12	6	3							Zyklus 3								
9	30	15	48	24	12	6	3				Zyklus 3								
11	36	18	9	30	15	48	24	12	6	3	Zyklus 3								
13	42	21	66	33	102	51	156	78	39	120	60	30	15	48	24	12	6	3	Zyklus 3
15	48	24	12	6	3						Zyklus 3								
17	54	27	84	42	21	66	33	102	51	156	78	39	120	60	30	15	48	24	Zyklus 3
19	60	30	15	48	24	12	6	3			Zyklus 3								

Tabelle 5: Beispiel 3n + 3

1	10	5																Zyklus 5
3	16	8	4	2	1	10	5	22	11	40	20	10	5					Zyklus 5
5	22	11	40	20	10	5												Zyklus 5
7	28	14	7															Zyklus 7
9	34	17	58	29	94	47	148	74	37	118	59	184	92	46	23	76	38	Zyklus 5
11	40	20	10	5														Zyklus 5
13	46	23	76	38	19	64	32	16	8	4	2	1						Zyklus 5
15	52	26	13	46	23	76	38	19	64	32	16	8	4	2	1			Zyklus 5
17	58	29	94	47	148	74	37	118	59	184	92	46	23					Zyklus 5
19	64	32	16	8	4	2	1	10	5									Zyklus 5
21	70	35	112	56	28	14	7											Zyklus 7

Tabelle 6 – Beispiel 3n + 7

1	8	4	2	1					Zyklus 1	2^3
3	14	7							Zyklus 19	
5	20	10	5						Zyklus 5	
7	26	13							Zyklus 19	
9	32	16	8	4	2	1			Zyklus 1	2^5
11	38	19							Zyklus 19	
13	44	22	11						Zyklus 19	
15	50	25							Zyklus 5	
17	56	28	14	7					Zyklus 19	
19	62	31	98	49	152	76	38	19	Zyklus 19	
21	68	34	17						Zyklus 19	
23	74	37	116	58	29	92	46	23	Zyklus 23	
25	80	40	20	10	5				Zyklus 5	
27	86	43							Zyklus 19	
29	92	46	23						Zyklus 23	

Tabelle 7: Beispiel 3n + 5

In einer Arbeit von Ingo Althöfer zum Collatz-Problem findet man einen Hinweis, dass Althöfer mit veränderter Collatz-Modifikation (3n + 5 für ungerade Zahlen) auf mehrere Zyklen gestoßen ist. Althöfers Beschreibung „Kracherzyklus" für manche Zyklen soll wohl heißen „sehr langer Zyklus", was auch stimmt.

Die Arbeit von Althöfer untersucht aber in erster Linie die Schritte (Länge der Schritte, Typen von Schritten usw.) und verwendet danach auch ganz andere Modifikationsvarianten.

Althöfer schreibt auch von einem weiteren Zyklus 171, was aber nicht stimmt. 171 endet beim Zyklus 347 und ist in diesem nicht enthalten.

Ingo Althöfer, Neues zum 3n+1-Problem, Seite 8,
https://althofer.de/neues-zum-collatz-problem.pdf [10.10.2024]

Wir untersuchen noch eine weitere Variante von 3n + x mit x = 19. Was wir in dieser Tabelle (Tabelle 8) sehen, sind die Zahlen, die sich aus der Modifikation 3n + 19 ergeben. Zwei Zyklen wurden gefunden: Zyklus 5 und Zyklus 19. Die Tabelle wurde aus Darstellungsgründen gekürzt. Die fehlenden Zahlen zwischen 21 und 49 enden alle bei Zyklus 5.

1	22	11						Zyklus 5										
3	28	14	7					Zyklus 5										
5	34	17	70	35	124	62	31	112	56	28	14	7	40	20	10	5		Zyklus 5
7	40	20	10	5				Zyklus 5										
9	46	23						Zyklus 5										
11	52	26	13					Zyklus 5										
13	58	29						Zyklus 5										
15	64	32	16	8	4	2	1	Zyklus 5										
17	70	35						Zyklus 5										
19	76	38	19					Zyklus 19										
21	82	41						Zyklus 5										
49	166	83						Zyklus 5										
51	172	86	43					Zyklus 5										
53	178	89						Zyklus 5										
55	184	92	46	23				Zyklus 5										
57	190	95	304	152	76	38	19	Zyklus 19										
59	196	98	49					Zyklus 5										

Tabelle 8: 3n + 19

Untersucht wurden mit der gleichen Methode auch noch die Varianten 3n + 9, 3n + 11 und 3n + 13, bei denen folgende Zyklen gefunden wurden:

3n + 9:   nur Zyklus 9
3n + 11: Zyklus 1, 11 und 13
3n + 13: Zyklus 1, 13, 131, 211, 227 und 259

5.2. Was kann die Formel 3n + x berechnen – Die Vielfachen von x

Wie wir aber bei den obigen Beispielen gesehen haben, enden alle Vielfachen von x aus der Formel 3n + x im Zyklus x. Die Formel 3n + x bzw. $n/2$ bedeutet für alle Startzahlen, die Vielfache von x sind, dass alle folgenden Zahlen einer Modifikationsreihe ebenfalls Vielfache von x sind. In den folgenden Beispielen wurden aus den verschiedenen Tabellen jeweils einige Startwerte, die Vielfache von x sind (siehe erste Spalte), extrahiert:

5*5	25	80	40	20	10	5												Zyklus 5
5*7	35	110	55	170	85	260	130	65	200	100	50	25	80	40	20	10	5	Zyklus 5
5*9	45	140	70	35														Zyklus 5
5*11	55	170	85	260	130	65	200	100	50	25								Zyklus 5

Tabelle 9: 3n + 5 – Startzahlen sind Vielfache von 5

7*3	21	70	35	112	56	28	14	7	Zyklus 7
7*5	35	112	56	28	14	7			Zyklus 7
7*17	119	364	182	91	280	140	70	35	Zyklus 7
7*21	147	448	224	112	56	28	14	7	Zyklus 7

Tabelle 10: 3n + 7 – Startzahlen sind Vielfache von 7

13*3	39	130	65	208	104	52	26	13				Zyklus 13
13*5	65	208	104	52	26	13						Zyklus 13
13*11	143	442	221	676	338	169	520	260	130	65		Zyklus 13
13*23	299	910	455	1378	689	2080	1040	520	260	130	65	Zyklus 13

Tabelle 11: 3n + 13: Startzahlen sind Vielfache von 13

19*3	57	190	95	304	152	76	38	19			Zyklus 19
19*13	247	760	380	190	95	304	152	76	38	19	Zyklus 19
19*21	399	1216	608	304	152	76	38	19			Zyklus 19
19*29	551	1672	836	418	209	646	323	988	494	247	Zyklus 19

Tabelle 12: 3n + 19 – Startzahlen sind Vielfache von 19

Wie wir sehen, enden alle Startzahlen, die Vielfache von x sind, bei x. Wenn man aber die Formel 3n + x betrachtet, kann man erkennen, dass diese Formel gar nichts anderes kann als Vielfache von x oder x selbst zu bilden, wenn der Startwert n gleich x oder ein Vielfaches davon ist. Die Vielfachen von x werden halbiert, bleiben aber Vielfache von x, bis es eine ungerade Zahl gibt, die aber ebenfalls ein Vielfaches von x ist. Das ist dann der neue Startwert

x, m, n $\in$ N $\qquad\qquad$ n = x*m $\qquad$ |(x ist immer ungerade)

Beispiel aus der Variante 3n + 19:

x = 19	m (Multiplikator) = 53		n (Startzahl) = 19*53
19*53	= 19*53		= 1007
(19*53)*3 + 19	= 19*159 + 19	= 19*160	= 3040
(19*160)/2	= 19*80		= 1520
(19*80)/2	= 19*40		= 760
(19*40)/2	= 19*20		= 380
(19*20)/2	= 19*10		= 190
(19*10)/2	= 19*5		= 95
(19*5)*3 + 19	= 19*15 + 19	= 19*16	= 304
(19*16)/2	= 19*8		= 152
(19*8)/2	= 19*4		= 76
(19*4)/2	= 19*2		= 38
(19*2)/2	= 19*1		= 19

Ist man bei x angekommen, folgt, wie wir in Kapitel 4.1 gesehen haben, eine Vervierfachung und eine Schleife, die das Ende der Modifikationsreihe anzeigt.

5.3. Parallelen 3n + 1 und 3n + x

Die unter Tabelle 13 aufgeführten Beispiele zeigen, dass alle Zahlen, die in einer Modifikationsreihe erzeugt werden, wenn n gleich x oder ein Vielfaches von x ist, selbst immer Vielfache von x sind und dass sich diese Zahlenreihen gleich bzw. parallel verhalten.

Dabei werden für Vielfache von x Lösungswege für die Zahlen 5, 7, 19 und 113 aufgezeigt, bei denen jeweils der Faktor n (3 und 113) gleich ist. Sämtliche Startzahlen werden anschließend durch x dividiert und stehen in den rechten Spalten.

Auch hier zeigt sich, dass die Vielfachen sich durch den Faktor x unterscheiden. Rechnerisch ist das leicht nachzuvollziehen. Wenn wir x immer durch 1 ersetzen, bleibt immer n übrig:

$19 * 113 \qquad |{:}19$

$19/19 * 113 = 1 * 113$

x*n														
5*3	15	50	25					: 5	3	10	5			
	25	80	40	20	10	5			5	16	8	4	2	1
7*3	21	70	35					: 7	3	10	5			
	35	112	56	28	14	7			5	16	8	4	2	1
19*3	57	190	95					: 19	3	10	5			
	95	304	152	76	38	19			5	16	8	4	2	1

x*n																						
5*113	565	1700	850	425								: 5	113	340	170	85						
	425	1280	640	320	160	80	40	20	10	5			85	256	128	64	32	16	8	4	2	1
7*113	791	2380	1190	595								: 7	113	340	170	85						
	595	1792	896	448	224	112	56	28	14	7			85	256	128	64	32	16	8	4	2	1
19*113	2147	6460	3230	1615								: 19	113	340	170	85						
	1615	4864	2432	1216	608	304	152	76	38	19			85	256	128	64	32	16	8	4	2	1

*Tabelle 13: x*n*

Frage 3 war: Warum enden alle bisher bekannten Zahlen, die nach den Collatz-Regeln modifiziert werden, in einer Endlos-Schleife 1-4-2-1? Gibt es andere Schleifen, in denen die Modifikationen enden können?

Es ging in diesem Kapitel um die Begriffe Zahlenraum und Zyklen, denn dass es sich beim 3n + 1-Problem um einen einzigen Zahlenraum handelt, ist auch nur eine Vermutung. Denn sobald es ein weiteres Ende als 1 gibt oder eine Zahlenfolge ins Unendliche fortgesetzt werden kann, müssten wir von verschiedenen Zahlenräumen ausgehen.

Wir können zu Frage 3 folgende Aussagen machen:

Unter der Bedingung n = m*x (n, m, x $\in$ N, x ist immer ungerade) sind alle Modifikationsreihen, die für 3n + x gefunden werden, auch für 3n + 1 gültig. Wenn die

Startzahl ein Vielfaches von x ist, so können in der Modifikationsreihe nur weitere Vielfache von x oder x selbst stehen. Startzahlen und Modifikationsreihen bilden in diesem Fall einen Zahlenraum, der alle Vielfachen von x enthält. Für die Variante $3n + 1$ bedeutet das, dass alle natürlichen Zahlen ($\mathbb{N}$) den für die Variante $3n + 1$ relevanten Zahlenraum bilden, denn alle natürlichen Zahlen sind Vielfache von 1.

Sobald der Startwert $n = x$ ist, so haben wir in Kapitel 4.2. gesehen, folgt aufgrund der anschließenden Vervierfachung des Startwerts ein Zyklus, der das Ende einer Modifikationsreihe anzeigt. Ob es andere Schleifen geben kann, wollen wir im nächsten Kapitel beantworten.

6. Zahlenräume – Antwort zu Frage 4

Frage 4 war: Enden alle natürlichen Zahlen, die gemäß den Collatz-Regeln modifiziert werden, bei 1 oder gibt es eine oder mehrere Zahlen, die nie in einer Schleife enden, sondern unendlich größer werden oder zumindest zu einem Zahlenraum gehören, der nie endet, weder bei 1 noch in einem anderen Zyklus?

Um diese Frage zu beantworten, müssen wir zuerst untersuchen, welche Folgen die Festlegung der Collatz-Modifikationsanweisungen haben.

In Kapitel 5.2. haben wir gesehen, dass die Varianten $3n + x$ verschiedene Zahlenräume mit unterschiedlichen Enden erzeugen. Erkennbar sind die unterschiedlichen Enden an den Zyklen. Eine Besonderheit ist aber, dass alle Startwerte, die Vielfache von x sind, jeweils zu einem Zahlenraum gehören, in dem alle weiteren Zahlen in den Modifikationsreihen ebenfalls Vielfache von x sind, ohne Ausnahme. Für die Variante $3n + 1$ kann man daraus schließen, dass alle natürlichen Zahlen zu einem Zahlenraum gehören.

6.1. Zahlenräume sind getrennt

In Grafik 19 sieht man, dass jede Zahl in einer genau definierten Umgebung steht, deren Nachbarn sich aus den Modifikationsanweisungen ergeben.

Eine Zahl wird erzeugt durch Division einer geraden Zahl durch die Zahl 2 oder durch Multiplikation mit 3 und Addition von 1 einer ungeraden Zahl. Es gibt demnach maximal zwei Zugänge zu einer Zahl. („Zugang" bedeutet Berechnungsmöglichkeit):

— die davorstehende (immer gerade) Zahl wird durch 2 geteilt

— eine ungerade Zahl wird mit 3 multipliziert und 1 addiert

— jede andere Zahl davor oder danach unterliegt den gleichen Berechnungen. Jede Zahl steht an einer bestimmten Position und kann nur dort stehen.

— Ein Zugang von einem anderen Zahlenraum aus würde eine dritte Berechnungsmöglichkeit erfordern. Die gibt es nicht!

— Die Umgebung einer Zahl müsste vollkommen die gleiche sein, das bedeutet, es wäre der gleiche Zahlenraum.

Die Ausdrucksweise ist hier sehr wichtig: Vor jeder Zahl n steht zumindest eine Zahl 2n oder eine zweite Zahl m, die durch die Modifikation 3m+1 die Zahl n ergibt, vor denen ebenfalls nur eine oder zwei Zahlen stehen können. Ist es nur eine Zahl, so ist sie gerade, sind es zwei Zahlen, so ist eine gerade die andere ungerade. Hinter einer geraden Zahl kann entweder eine gerade oder eine ungerade Zahl stehen, hinter einer ungeraden Zahl nur eine gerade Zahl (siehe Grafik 1 – Umgebung einer Zahl).

schwarze Zahl: gerade								
rote Zahl: ungerade								
								8r
8k								↓
↓								4r
4k								↓
↓								2r
2k			8m					↓
↓		8n	↓					r
k		↓	4m	←	(3r+1 = 4m) ↙			
	↘(3k+1 = 4n)→	4n	↓					
		↓	2m					
		2n	↓					
		↓	m				4p	
		n	←(3m+1 = n) ↙				↓	
		↓					2p	
		n/2					↓	
		↓					p	
		n/4	←	←	(3p+1 = n/4) ↙			
		↓						
		n/8						
		↓	2s					
		n/16	↓					
	↘(3(n/16)+1 = s)	→	s					
			↓					
			s/2					
			↓					
			s/4					

Grafik 1: Umgebung einer Zahl im Zahlenraum

Richtung der Modifikationen

Wenn man nun Grafik 2 betrachtet, sieht man Folgendes:

Collatz-Modifikationen laufen nur in eine Richtung ab. Es gibt keine Abzweigungen, nur Zusammenführungen von Modifikationsreihen.

Zur Klarstellung, wann wir von Abzweigungen reden können:

Abzweigung
Bedeutungen:
[1] Stelle, an der ein Weg, eine Straße oder dergleichen von einem/einer anderen wegführt

https://de.wiktionary.org/wiki/Abzweigung [10.10.2024]

abzweigen
Bedeutung: 1. a) (von Wegen o. Ä.) seitlich abgehen, in eine andere Richtung führen

https://www.duden.de/rechtschreibung/abzweigen [06.01.2025]

Würde man von Abzweigungen sprechen, käme sofort jemand auf die Idee, die Abzweigung könnte zu einer vermuteten Zahlenreihe führen, die unendlich fortgesetzt werden könnte. Dasselbe gilt auch für die Vermutung, es könnte mehr als einen Zyklus in einem Zahlenraum geben.

Die Gesamtheit der Collatz-Zahlenreihen darf nicht als Baum, also von unten nach oben gesehen werden, sondern nur von oben nach unten, wenn wir die Startzahlen als „oben" und die sich durch Anwendung der Collatz-Modifikationen ergebenden Zahlen als „unten" definieren. Von oben nach unten bezieht sich aber nicht auf die Größe der Zahlen, denn mit jeder Multiplikation + 1 werden die Zahlen einer Zahlenreihe immer zunächst einmal größer. Man könnte die Startzahlen auch links anordnen, die Zahlenreihen würden dann von links nach rechts laufen. Die Collatz-Zahlenreihen gehen immer nur in eine Richtung, wobei das Zusammentreffen von Division und Multiplikation in einer Zahl eine Zusammenführung zweier Zahlenreihen ist (siehe bunte Felder in Grafik 2).

143444		860672		143440		23906		23908		143456				
↓		↓		↓		↓		↓		↓				
71722		430336		71720		11953		11954		71728				
↓		↓		↘		↙		↓		↓				
35861		215168			35860			5977		35864				
↘		↙			↓			↘		↙				
	107584				17930				17932					
	↓				↓				↓					
	53792				8965		53800		8966					
	↘		→		↙		↓		↓					
				26896				26900	4483					
	4482			↓				↓	↙					
	↓			13448				13450				80724		
	2241			↓			40352	↘				↓		
	↘		→	6724			↘		6725	242176		40362		
				↓					↙	↓		↓		
				3362				20176		121088		20181		
				↓				↓		↘		↙		
				1681				10088			60544			
				↘				↙			↓			10090
					5044						30272			↓
					↓						↓	↙		5045
					2522						15136			
					↓						↓			
					1261						7568			
					↘		↙							
								3784	←					
		↘	Multiplikation (3n + 1)				↓						
		↘	Division (n/2)				1892						
							↓						
							946						
							↓						
							473						

Grafik 2: Modifikationrichtung und Zusammenführungspunkte

Was die Begriffe betrifft, so wurde bewusst auf den in der Graphentheorie verwendeten Begriff „Knoten" verzichtet, da er zu ungenau ist. Siehe Wikipedia: https://de.wikipedia.org/wiki/Graph_(Graphentheorie) und https://de.wikipedia.org/wiki/Graphentheorie [10.10.2024]. Die dort verwendeten Knoten können auf verschiedene Weise erreicht, aber auch wieder verlassen werden, auch in die Richtung, aus der man den Knoten erreicht hat. Da wir festgestellt haben, dass Collatz-Modifikationen nur in eine Richtung gehen können, käme ohnehin nur der Begriff „gerichteter Graph" in Frage. Aber die Beispiele, die in Wikipedia angeführt sind, passen alle nicht für unser Thema.

Selbst die Beispiele für Zyklen passen nicht, da man die in Wikipedia angeführten Zyklen wieder verlassen kann.

Wir brauchen also einen eigenen Zusammenführungspunkt, der aus zwei Richtungen erreicht und nur in einer Richtung verlassen werden kann, sowie Endlos-Zyklen.

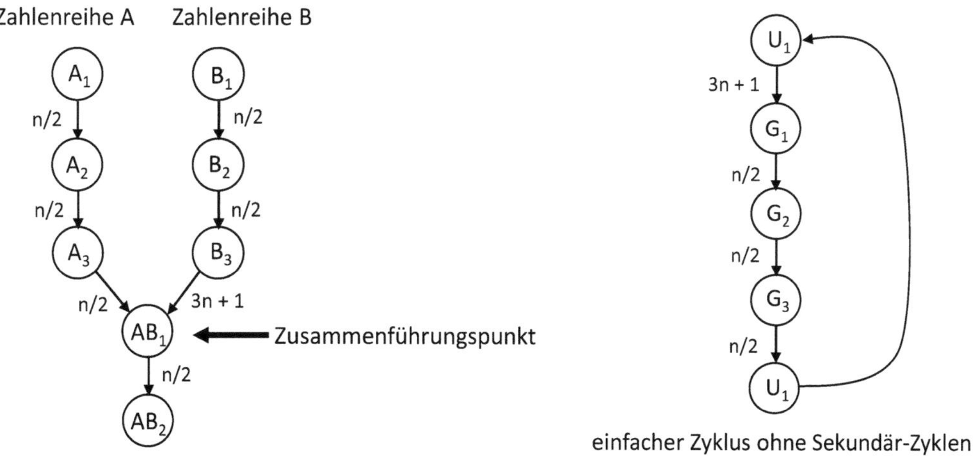

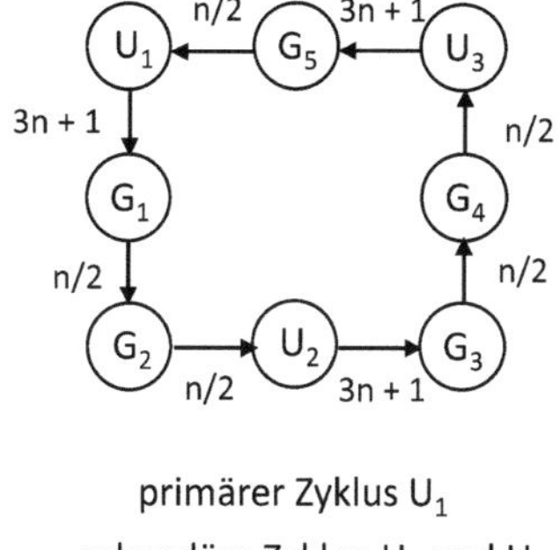

Grafik 3: Zusammenführungspunkte und Zyklen

6.2. Wie entstehen Zahlenräume?

Die beiden Modifikationsanweisungen legen fest, wie man von einer Zahl zur nächsten kommt. Das bedeutet, die Zahlen sind durch diese Anweisungen untereinander verbunden. Derart verbundene Zahlen gehören zum Zahlenraum. Die Zahlenräume werden also **implizit** geschaffen.

implizit:
1. mit enthalten, mit gemeint, aber nicht ausdrücklich gesagt
2. nicht aus sich selbst zu verstehen, sondern logisch zu erschließen

https://www.duden.de/rechtschreibung/implizit [10.10.2024]

In unserem Fall ist die zweite Definition des Duden geeigneter, denn die Collatz-Modifikationsanweisungen enthalten keinen Hinweis auf Zahlenräume. Wir verfügen nur über die Anweisungen $3n+1$, wenn n ungerade ist, und $n/2$, wenn n gerade ist. Aus diesen beiden Anweisungen ist keinerlei Absicht oder Ziel zu entnehmen. Es ist kein Hinweis auf Bildung eines Zahlenraums erkennbar. Weil wir aber Zahlenräume erkennen können (siehe Kapitel 5.2), nennen wir die Entstehung implizit.

Wie wir bei den Varianten von $3n + x$ gesehen haben, kann es in einer Variante verschiedene Zyklen geben. Das bedeutet aber, dass es verschiedene Zahlenräume gibt. Jeder Zyklus und damit jedes Ende der Zahlenreihen steht für einen eigenen Zahlenraum. Die Vermutung, dass es bei der Variante $3n + 1$ Abzweigungen und unterschiedliche Enden geben könnte, beruht wohl auf Analogie-Schlüssen aus den anderen Varianten und dem Nicht-Erkennen, dass es sich um verschiedenen Zahlenräume handelt.

6.2.1. Variante 5n + 1

Es wurde in diesem Zusammenhang eine weitere Variante untersucht: $5n + 1$. Dabei wurden drei Zahlenräume mit den Zyklen 1, 13 und 17 gefunden. Es wurden aber auch drei Zahlenräume gefunden, die möglicherweise zu keinem Ende führen. Sie wurden nach dem jeweils kleinsten Element Zahlenraum 7, 21 und 25 benannt. Ob diese Zahlenräume tatsächlich kein Ende haben, konnte nicht untersucht werden, sie bleiben also Verdachtsfälle. Trotzdem ist es wichtig zu sehen, dass auch bei dieser Variante getrennte Zahlenräume entstehen.

6.3. Eigenschaften von Zahlenräumen

Die Modifikationsanweisungen definieren kein Ende oder Ziel, sie bestimmen nur, wie man von einer Zahl zur nächsten kommt. Die Modifikationsanweisungen „wissen" auch nichts von „Zyklen". Wenn wir von Zielen (oder Lösungen) sprechen, dann deshalb, weil wir festgestellt haben, dass viele Zahlenreihen bei einer bestimmten Zahl enden. Ein Ziel, und vor allem ein Zyklus als Ziel, entsteht nur in unserem Kopf, wenn wir die Zahlenreihen und die Collatz-Vermutung, dass alle Zahlenreihen bei 1 enden, überprüfen. Beim Versuch festzustellen, ob weitere oder alle Zahlen zu diesem Zyklus führen, nennen wir den Zyklus das „Ziel", aber das spielt sich nur im Denken der handelnden Personen ab.

Wenn die Modifikationsreihen zu einem Zyklus und damit zum Ende der Reihe führen, so ist das ein **inhärentes** und kein durch die Anweisungen definiertes Ziel.

Deswegen scheint es besser zu sein, vom **Ende eines Modifikationsweges** statt von einem Ziel zu sprechen, wenn es ein Ende gibt. Das Ende ist allerdings erkennbar durch das Auftreten eines Zyklus.

Zyklen zeigen uns, dass keine neuen Zahlen zu erwarten sind.

Die Zyklen werden – wohl nach Konvention – nach dem kleinsten ungeraden Element, das zu einem Zyklus führt, benannt. Wir werden aber in Kapitel 7 sehen, dass es möglicherweise nicht immer einen Zyklus geben muss (siehe die Verdachtsfälle bei 5n + 1, die Zahlen 7, 21 und 25, und Statistik 3). Dennoch gehören die Zahlen, die mit 7, 21 oder 25 verbunden sind, zu den jeweiligen Zahlenräumen 7, 21 oder 25, zumindest solange wir annehmen, dass es sich um getrennte Zahlenräume handelt. Wie wir bei der Variante 5n + 1 gesehen haben, sind Zahlenräume nicht davon abhängig, ob es ein Ende bzw. einen Zyklus gibt.

Wichtig ist zu sehen, dass es zwischen verschiedenen Zahlenräumen, bei gleicher Modifikationsanweisung, keinen Kontakt, d.h. keine gemeinsamen Zahlen, gibt. Jede Zahl kann nur zu einem Zahlenraum gehören (siehe Grafik 1: Umgebung einer Zahl im Zahlenraum).

Wenn es nun Zahlenräume gibt, die nur durch die Modifikationsanweisungen entstehen, so bedeutet das, dass alle Zahlen in einem Zahlenraum untereinander über die Modifikationsanweisungen verbunden sind. Die von Lothar Collatz vorgegebenen Modifikationsanweisungen beschreiben, auf welche Art Zahlen untereinander in Verbindung stehen: **wie kommt man von einer Zahl zur nächsten**. Alle Zahlen eines Zahlenraums haben demnach eine Verbindung untereinander, denn jede Zahl des Zahlenraums muss einen Vorgänger haben, der zu dieser Zahl führt, und einen Nachfolger. Bei nachfolgenden Zahlen einer Zahlenreihe ist die Verbindung offensichtlich. Bei Zahlen aus anderen Zahlenreihen besteht die Verbindung der Zahlen des Zahlenraums über die Zusammenführungspunkte (siehe Grafik 2 und Tabelle 16).

In Kapitel 5.3 haben wir gesehen, dass die Modifikationsanweisungen $3n + 1$ und $n/2$ einen Zahlenraum erschaffen, der alle Vielfachen von 1 umfasst, also alle natürlichen Zahlen. Daraus können wir schließen, dass alle natürlichen Zahlen über die Modifikationsanweisungen $3n + 1$ bzw. $n/2$ in einer der oben genannten Verbindung stehen.

Da wir aber auch gesehen haben, dass es keine „Abzweigungen" bei den Collatz-Zahlenreihen geben kann, sondern nur Zusammenführungen (siehe Kapitel 6.1), können wir annehmen, dass alle Zahlenreihen irgendwann zusammengeführt werden. Denn das, was wir darunter verstehen, dass alle Zahlen eine Verbindung untereinander haben, bedeutet, dass alle Zahlenreihen irgendwann zusammengeführt werden, erkennbar an den Zusammenführungspunkten. Wenn aber alle Zahlen eines Zahlenraums eine Verbindung untereinander habe, so bedeutet das, dass alle natürlichen Zahlen eine Verbindung zur Zahl 1 haben.

Wenn aber alle Zahlenreihen zusammengeführt werden und wenigstens eine davon bei 1 endet, so können wir daraus schließen, dass alle Zahlenreihen irgendwann bei 1 enden. „Irgendwann" bezieht sich auf die unterschiedlichen Modifikationslängen.

Es kann auch kein anderes Ende geben, also auch keinen anderen Zyklus, da ein anderes Ende eine Abzweigung voraussetzen würde.

Die beschriebenen Eigenschaften von Zahlenräumen sind generell. **Für alle von uns untersuchten Zahlenräume gilt:** Alle Zahlen eines Zahlenraums haben eine Verbindung untereinander und alle Zahlenreihen haben ein Ende, sobald wir auch nur eine Zahlenreihe finden, die ein Ende hat.

Bei unterschiedlichen Modifikationsanweisungen sind die Erscheinungsformen (Anzahl der Zahlenräume, Zyklen, Ende ja/nein) unterschiedlich. Das bedeutet, dass es sein kann, dass es in einem Zahlenraum, der durch andere Modifikationsanweisungen entsteht, kein Ende der Zahlenreihen gibt und die Zahlenreihen möglicherweise unendlich größer werden. Das ist allerdings schwer festzustellen (siehe Kapitel 6.2.1. Variante 5n + 1).

6.4. Frage 4 (Zusammenfassung)

Frage 4 war: Enden alle natürlichen Zahlen, die gemäß den Collatz-Regeln modifiziert werden, bei 1 oder gibt es eine oder mehrere Zahlen, die nie in einer Schleife enden, sondern unendlich größer werden oder zumindest zu einem Zahlenraum gehören, der nie endet, weder bei 1 noch in einem anderen Zyklus?

Wir können sie wie folgt beantworten:

- Es gibt in der Variante 3n + 1 nur einen Zahlenraum und dieser umfasst alle natürlichen Zahlen $\mathbb{N}$ (Kapitel 5.3).

- Die Modifikationsanweisungen 3n + 1 und $^n\!/_2$ sind die konstituierenden Elemente des Zahlenraums. Da sie festlegen, wie man von einer Zahl zur nächsten kommt, bedeutet das, dass alle Zahlen untereinander eine Verbindung haben müssen.

- Die Zusammenführungspunkte stellen die Verbindung der Zahlen aus unterschiedlichen Zahlenreihen dar. Dort werden jeweils zwei Modifikationsreihen zusammengeführt. Von dort aus wird nur eine gemeinsame Modifikationsreihe weitergeführt.

- Da nach jeder ungeraden Zahl die Anweisung 3n + 1 angewendet wird, folgt auf jede ungerade Zahl ein Zusammenführungspunkt.

- Mehr als einen Zyklus kann es nicht geben, da dies Abzweigungen erforderlich machen würde, die es nicht gibt, weil es dafür keine Berechnungsmöglichkeit gibt. Ein zweites Ende der Modifikationsreihen als 1 würde de facto bedeuten, dass es einen zweiten Zahlenraum für die Variante 3n + 1 gibt.

- Zahlen, die eventuell auch zu einem anderen Zahlenraum gehören, sind als Denk-Konstrukt insofern falsch, weil die Collatz-Modifikationsanweisungen den Zahlenraum der natürlichen Zahlen $\mathbb{N}$ erschaffen, den größtmöglichen Zahlenraum, der in diesem Fall (bei 3n + 1, $n/2$) in Frage kommt. Abgesehen davon würde das Vorkommen einer Zahl in zwei Zahlenräumen bedeuten, dass ihre gesamte Umgebung in zwei Zahlenräumen vorkommen müsste, was vollkommen absurd ist. Es wäre der gleiche Zahlenraum.

- In Abschnitt 6.3 haben wir festgestellt: Wenn es ein Ende in einem Zahlenraum gibt, dann enden alle Zahlenreihen dort, da alle anderen Zahlen eines Zahlenraums, eine Verbindung untereinander, also auch zu diesem Ende haben müssen. Bei den Collatz-Modifikationsanweisungen (3n + 1, wenn n ungerade ist und $n/2$, wenn n gerade ist), gibt es ein Ende bei 1. Der Zyklus 1–4–2–1 bestätigt das. Alle Zahlenreihen enden demnach bei 1.

Damit ist Frage 4 beantwortet.

7. Statistik und Berechnungs(un)möglichkeit

7.1. Wahrscheinlichkeit

Bei geraden Zahlen ist es möglich, dass mehr als eine Division hintereinander stattfindet.

Ungerade Zahlen, die mit 3 multipliziert werden, erhöhen zwar die Zahl, aber immer nur einmal. Danach wird sofort – mindestens einmal – dividiert, nach zwei Divisionen wäre die Erhöhung in eine Verminderung umgewandelt:

$$(n \to 3n+1 \to \frac{3n+1}{2} \to \frac{3n+1}{4})$$

Auch Terence Tao erwähnt in seinem Vortrag (https://www.youtube.com/watch?v=X2p5eMWyaFs [10.10.2024]) dieses Verhalten. Die Divisionen scheinen ein Übergewicht zu haben, weshalb es immer – fallweise auch über sehr lange Modifikationswege – einen Abbau der Distanz zwischen Startzahl und Ziel geben sollte.

Eine Analyse der Tabelle der geraden Zahlen von 2 bis 200, 1002 bis 1200 und 10002 bis 10400 ergibt folgende Verteilung der Divisionen:

3n + 1: 2 – 200		
d	Z	Σd
1x	50	50
2x	25		50
3x	13		39
4x	6		24
5x	3		15
6x	2		12
7x	1		7
Σ	100	50	147

3n + 1: 1002 – 1200		
d	Z	Σd
1x	50	50
2x	25		50
3x	12		36
4x	7		28
5x	3		15
6x	1		6
7x	1		7
10x	1		10
Σ	100	50	152

3n + 1: 10002 – 10400		
d	Z	Σd
1x	100	100
2x	50		100
3x	25		75
4x	12		48
5x	7		35
6x	3		18
7x	2		14
11x	1		11
Σ	200	100	301

Statistik 1: Verteilung der Divisionen bei 3n + 1 (d = Zahl der möglichen Divisionen, Z = Anzahl der Zahlen, Σd = Summe der Divisionen)

Den 50 Zahlen, die nur einmal dividiert werden können (Spalte 2), stehen 50 Zahlen gegenüber, die insgesamt 147 Mal dividiert werden können (Spalte 3). Die beiden weiteren Tabellen zeigen ein ähnliches Bild. Das Potenzial, dass nach einer ungeraden Zahl mehr als eine Division durchgeführt werden kann, ist demnach drei Mal so groß. Die Modifikationsregeln $3n + 1$ und $n/2$ scheinen eine günstige Ausgangslage für einen Lösungsweg bis 1 zu ergeben. Aber ob die Collatz-Modifikationen überhaupt mit Wahrscheinlichkeiten in Verbindung gebracht werden können, ist fraglich. Denn ungerade Zahlen treten an einer bestimmten Stelle in eine Reihe von geraden Zahlen ein. Je höher die Eintrittsstelle ist, desto mehr Divisionen werden folgen. Es wird als nicht noch einmal gewürfelt, welche Zahl als nächste kommen wird, denn das steht schon fest und damit auch wie viele Divisionen folgen werden. Wie in Grafik 1 gezeigt, ist die Position der Zahlen im Zahlenraum festgelegt. Die Größe der Zahlen spielt nur innerhalb eines Vorgängerbereichs (die Zahlen, die vor einer Stoppzahl stehen) eine Rolle. Dort folgen auf größere Zahlen mehr Divisionen als auf kleinere. Absolut gesehen ist die Größe der Zahl irrelevant.

7.2. Frage 5 (Zusammenfassung)

Frage 5 war: Gibt es interessante Erweiterungen oder Umformulierungen des Collatz-Problems?

Diese Frage wurde in einem Artikel von G. J. Wirsching „Das Collatz-Problem" gestellt (https://www.spektrum.de/lexikon/mathematik/das-collatz-problem/1712 [10.10.2024]).

Als Beispiel dazu haben wir die Modifikationsanweisungen auf $5n + 1$ und $n/2$ geändert.

Bei einer Änderung der Formel für ungerade Zahlen auf $5n + 1$ ergäbe sich ein anderes Bild:

$$\left(n \to 5n+1 \to \frac{5n+1}{2} \to \frac{5n+1}{4} \to \frac{5n+1}{8}\right)$$

Die Analyse der Division wurde deshalb angepasst.

5n + 1: 2 - 200			
d	Z	Σd	
1x	50	50	
2x	25	50	
3x	13		39
4x	6		24
5x	3		15
6x	2		12
7x	1		7
Σ	100	100	97

5n + 1: 1002 - 1200			
d	Z	Σd	
1x	50	50	
2x	25	50	
3x	12		36
4x	7		28
5x	3		15
6x	1		6
7x	1		7
10x	1		10
Σ	100	100	102

5n + 1: 10002 - 10400			
d	Z	Σd	
1x	100	100	
2x	50	100	
3x	25		75
4x	12		48
5x	7		35
6x	3		18
7x	2		14
11x	1		11
Σ	200	200	201

Statistik 2: Verteilung der Divisionen bei 5n + 1

Erst nach drei Divisionen ergäbe sich ein Wert kleiner als die Startzahl, d. h. das Verhältnis zwischen Divisionen, die eine größere Zahl als den Startwert ergeben und solchen, die eine kleinere ergeben, wäre 100 : 97 bzw. 100 : 102 und 200 : 201 nach den drei obigen Statistiken.

Das bedeutet aber nicht, dass es keine Lösung gibt: siehe Tabelle 14. Die Variante 5n + 1 wurde nur ansatzweise überprüft. Das Ergebnis war, dass es auch unter diesen geänderten Anweisungen Zyklen gibt. Bei einer sehr oberflächlichen Untersuchung wurden die Zyklen 1, 13 und 17 gefunden.

1	6	3	16	8	4	2	1		Zyklus 1				
3	16	8	4	2	1				Zyklus 1				
5	26	13							Zyklus 13				
7	36	18	9										
9	46	23											
11	56	28	14	7									
13	66	33	166	83	416	208	104	52	26	13		Zyklus 13	
15	76	38	19						Zyklus 1				
17	86	43	216	108	54	27	136	68	34	17		Zyklus 17	
19	96	48	24	12	6	3			Zyklus 1				
21	106	53											
23	116	58	29										
25	126	63											
27	136	68	34	17			Zyklus 17						

Tabelle 14: Variante 5n + 1

Mit den angepassten Vorgängertürmen (Tabelle 15) kann man schnell weitere Zahlen berechnen, die bei einem dieser Zyklen enden. Allerdings zeigen die Berechnungen, dass es nur bei jedem vierten Schritt ein ganzzahliges Ergebnis gibt. Bei 3n + 1 gab es das bei jedem zweiten Schritt.

Aber schon beim Auflösungsversuch der Zahlen 7, 21 und 25 zeigte sich, dass die Werte bei 300 Stoppzahlen sich auf einem relativ hohen 13 bis 15-stelligen Niveau bewegen. Ein Zyklus trat nicht auf und nach 300 Zeilen wurde der Lösungsversuch abgebrochen. Das deutet auf ein Verhalten hin, auf das man eigentlich bei 3n + 1 spekuliert, das man aber nicht gefunden hatte, nämlich eine unendliche Modifikationsreihe. Wir haben in Kapitel 6.4. festgestellt, dass alle Zahlen im gleichen Punkt enden, wenn wir ein Ende finden. Finden wir kein Ende, so bleibt die Spekulation auf eine unendliche Reihe berechtigt.

1	2	0,2
	4	0,6
	8	1,4
	16	3
	32	6,2
	64	12,6
	128	25,4
	256	51
	512	102,2
	1024	204,6
	2048	409,4
	4096	819
	8192	1638,2
	16384	3276,6
	32768	6553,4
	65536	13107
	131072	26214,2
	262144	52428,6
	524288	104857,4
	1048576	209715
	2097152	419430,2
	4194304	838860,6
	8388608	1677721,4
	16777216	3355443

3	6	1
	12	2,2
	24	4,6
	48	9,4
	96	19
	192	38,2
	384	76,6
	768	153,4
	1536	307
	3072	614,2
	6144	1228,6
	12288	2457,4
	24576	4915
	49152	9830,2
	98304	19660,6
	196608	39321,4
	393216	78643
	786432	157286,2
	1572864	314572,6
	3145728	629145,4
	6291456	1258291
	12582912	2516582,2
	25165824	5033164,6
	50331648	10066329,4

19	38	7,4
	76	15
	152	30,2
	304	60,6
	608	121,4
	1216	243
	2432	486,2
	4864	972,6
	9728	1945,4
	19456	3891
	38912	7782,2
	77824	15564,6
	155648	31129,4
	311296	62259
	622592	124518,2
	1245184	249036,6
	2490368	498073,4
	4980736	996147
	9961472	1992294,2
	19922944	3984588,6
	39845888	7969177,4
	79691776	15938355
	159383552	31876710,2
	318767104	63753420,6

Tabelle 15: Vorgängerturm für Zyklus 1 der Variante 5n + 1

Man sieht bei den Vorgängertürmen, dass nur bei jeder vierten Berechnung eine ganze Zahl erscheint. Die Anzahl der Zusammenführungspunkte ist also geringer als bei 3n + 1, dennoch können die Berechnungen – so wie bei 3n + 1 – unendlich oft durchgeführt werden.

Zur Variante 5n + 1 scheint es unterschiedliche Einschätzungen zu geben.

oder

Was auch immer mit den beiden Einschätzungen gemeint ist, beide bleiben zahlenmäßig etwas ungenau. Unsere Stoppzahltabelle liefert zumindest drei Zyklen. Wenn Wikiwand von „Fast alle Iterierten sollten divergieren" schreibt, passt das nicht zusammen mit den drei Zahlenräumen, für die wir einen Zyklus und damit ein Ende gefunden haben. Denn schließlich kann man mit den Vorgängertürmen (Tabelle 15) zeigen, dass unendlich viele Zahlen zu diesen Zahlenräumen gehören.

Althöfer schreibt, dass „viele Startwerte mit ihren Zahlen in Richtung unendlich laufen". Was ist „viele"? Eine genaue Angabe wäre hilfreich, schließlich haben wir bei unseren, allerdings eingeschränkten Bemühungen nur drei solcher Zahlenräume gefunden, denen aber drei mit Ende und Zyklus gegenüberstehen.

Man muss aber auch anmerken, dass es durchaus möglich ist, dass es noch weitere Zahlenräume mit oder ohne Ende geben kann, wenn wir uns daran erinnern, dass wir bei der Variante 3n + 5 bei insgesamt sieben Zyklen drei davon sehr spät gefunden haben: 171, 187 und 347.

Ergebnis für die Zahlen 7, 21 und 25:

7	m	d1x	d2x	d3x	d4x	d5x	d6x	d7x	d8x	d9x	d10x		
	300	132	75	51	20	13	1	4	0	2	2		
	300	132	150	153	80	65	6	28	0	18	20	952	dnx/d1,d2
		282				370							1,312057
21	m	d1x	d2x	d3x	d4x	d5x	d6x	d7x	d8x	d9x	d10x		
	300	123	88	40	28	10	8	1	1	1	0		
	300	123	176	120	112	50	48	7	8	9	0	953	dnx/d1,d2
		299				354							1,183946
25	m	d1x	d2x	d3x	d4x	d5x	d6x	d7x	d8x	d9x	d10x		
	300	120	84	45	23	14	4	3	0	1	0		
	300	120	168	135	92	70	24	21	0	9	0	939	dnx/d1,d2
		288				351							1,218750
										Anz. der Mods:		2844	

Statistik 3: Zahlen 7, 21 und 25 aus Beispiel 5n + 1

Ob man bei der Frage nach einem Ende von Zahlenreihen überhaupt mit Wahrscheinlichkeit argumentieren kann, ist wegen der drei Zahlenräume mit Ende fraglich. Die vorläufige Tatsache, dass es bei der Variante 5n + 1 möglicherweise Zahlenräume gibt, die kein Ende haben, spricht aber eher dafür. Dies trifft z. B. auch auf die Variante 7n + 1 zu, wo überhaupt nur ein Zyklus gefunden werden konnte, nämlich 1 – 8 – 4 – 2 – 1.

7.3. Ähnliche Zahlen – unterschiedliche Lösungswege

Wie wir in Abschnitt 6.1 gesehen haben, kommt es durch die unterschiedliche Abfolge von Divisionen und Multiplikationen nach und nach zur Annäherung der Zahlen auf einen gemeinsamen Abschnitt des Lösungsweges.

Für den Effekt der unterschiedlichen Abfolge ist eine weitere Tatsache wichtig, die den unterschiedlich schnellen Abbau von Distanzpunkten ermöglichen. Größere Zahlen verlieren durch Halbierung mehr als kleinere:

120 : 2 = 60   Verlust: 60

 80 : 2 = 40   Verlust: 40

 60 : 2 = 30   Verlust: 30

50

Im folgenden Abschnitt wurden 20 aufeinander folgende ungerade und 20 gerade Zahlen und ihre Lösungswege nach dem Verhältnis von Einmaldivisionen und Mehrfachdivisionen untersucht.

Anmerkung: Die Idee, aufeinander folgende Zahlen zu untersuchen, stammt aus dem Artikel von Ingo Althöfer, der fünfzig 21-stellige Zahlen mit dem Dankert-Applet behandelte und dabei nur fünf verschiedene Modifikationslängen entdeckte. Althöfer untersuchte das Ergebnis aber nicht genauer, was wohl an der Länge der Zahlen gelegen sein dürfte. Die Ergebnisse des Dankert-Applet werden in einer langen unübersichtlichen Zahlenfolge ausgegeben, an der man kaum etwas ablesen kann.

Tabelle 16 zeigt Folgendes:

- Die Zahlen 84993, 84997, 85003, 85005, 85007 und 85009 benötigen bis zum gemeinsamen Modifikationsergebnis 400 9 Multiplikationen (3n + 1) und 22 Divisionen (n/2).

- Die Zahlen 84995, 84999 und 85001 benötigen bis zum gemeinsamen Modifikationsergebnis 68080 in ihrem Modifikationsreihen 8 Multiplikationen und 13 Divisionen.

Die dunkelroten Zahlen in der Tabelle 16 liegen größenmäßig nahe beieinander, aber die Zahlen 84995, 84999 und 85001 haben eine weitaus längere Modifikationsreihe (226) bis zur Zahl 1. Ihre Modifikationsreihen treffen sehr spät auf die der anderen Zahlen (bei Zahl 58). Die Modifikationsreihe der anderen Zahlen ist 58 Modifikationen lang. Der Punkt des Zusammentreffens verschiedener Modifikationsreihen sagt nichts über die tatsächliche Modifikationslänge aus. So haben die Zahlen 84993 und 85007, die sich bei Zahl 400 treffen, die gleiche Modifikationslänge wie die Zahlen 84997, 85003, 85005 und 85009 (alle 58). (Anmerkung: nicht alle Zahlen konnten in Tabelle 16 dargestellt werden.)

Nur die Zahl 85011 bildet den statistischen Ausreißer und hat einen abweichenden Lösungsweg. Sie hat laut Dankert Applet 240 Elemente.

	85003					84997			85009				85005			85007		
	↙					↙			↙				↙			↘		
255010					254992			255028				255016					255022	
127505	382516				127496			127514				127508				382534	127511	
	191258				63748			63757	191272			63754		573802	191267			
	95629	286888			31874			95636		95632		31877	860704	286901				
		143444			15937	47812		47818		47816			430352				bis 68080	
		71722		m 4	d 8	23906		71728	23909	23908			215176			84995		m 8
		35861	107584		35860	11953		35864		11954			107588					d 13
			53792		17930			17932	←	←	5977		53794			84999		m 8
m 4	d 8		26896	←	8965			8966			80692	26897				85001		d 13
			13448				13450	4483			40346							m 8
			6724		20176	←	6725				60520	20173		84995				d 13
			3362		10088			254980	84993		30260			254986				
			1681	→	5044			↓			15130			84999	↓			
					2522	3784		↓	22696	7565			254998	→	40342		85001	
					1261			3782	11348						↓		255004	
bis 400					1892			1891	→	5674					↓		↓	
84993	m: 9				946				2837	8512					68080	←	←	
	d: 22				473	→	1420			4256					↓			
84997	m: 9				710					2128					↓			
	d: 22				355	1066				1064			3280	1093				
85003	m: 9				533	1600				532			1640					
	d: 22	85011		→	255034	800				266			820					
85005	m: 9				↓			400	←	133			410					
	d: 22				↓			200				616	205					
85007	m: 9				↓			100				308						
	d: 22				148			50				154						
85009	m: 9				74			25	76			232	77					
	d: 22				37	→	112			38		116						
85013	m: 9	nicht im Bild					56			19	→	58						
	d: 22				9	→	28	88	←	←	←	29						
85015	m: 9	nicht im Bild					14	44										
	d: 22				7	→	22											
							11	34										

Tabelle 16: Modifikationsreihen 84993 bis 85021

Anmerkung: Die Ergebnisse des Dankert-Applet zählen die Startzahl bei den Elementen mit. Der Startwert selbst ist aber nicht Ergebnis einer Modifikation, weshalb es eine Differenz zur allgemein verwendeten Zählung der Modifikationen gibt. Wenn man die Modifikationsergebnisse analysieren will, scheint es sinnvoll zu sein, den Startwert nicht mitzuzählen.

Wenn wir nun die unterschiedlichen Einfach- und Mehrfachdivisionen betrachten, ergibt sich folgendes Bild:

ungerade Zahlen 84983 bis 85021											m Anzahl der Multiplikationen	
											d 1x Anzahl der Einmaldivisionen	
	sum mod		Anzahl der Modifikationen							d nx Anzahl der Mehrfachdivisionen		
		m	d 1x	d 2x	d 3x	d 4x	d 5x	d 6x	d 7x	d nx	d nx/d 1x	anz dnx
84993	58	16	3	6	3	3	-	1	-	39	13	13
84997	58	16	3	6	3	3	-	1	-	39	13	13
85003	58	16	4	5	4	1	-	2	-	38	9,5	12
85013	58	16	4	5	4	1	-	2	-	38	9,5	12
85005	58	16	4	4	4	3	-	1	-	38	9,5	12
85009	58	16	4	4	4	3	-	1	-	38	9,5	12
85007	58	16	5	3	4	2	1	1	-	37	7,4	11
85015	58	16	5	3	4	2	1	1	-	37	7,4	11
84983	102	33	13	12	3	3	1	1	-	56	4,307692	20
84991	107	35	18	7	3	5	1	1	-	54	3	17
85019	133	45	24	11	4	4	-	-	2	64	2,666667	21
84989	151	52	28	12	6	3	2	-	1	71	2,535714	24
84987	151	52	27	15	3	4	2	-	1	72	2,666667	25
85021	151	52	26	13	7	4	2	-	-	73	2,807692	26
85017	182	64	31	20	7	4	2	-	-	87	2,806452	33
84985	195	69	36	19	8	4	1	-	1	90	2,5	33
85001	226	81	48	15	9	6	2	1	-	97	2,020833	33
84995	226	81	47	16	8	8	2	-	-	98	2,085106	34
84999	226	81	47	15	10	7	2	-	-	98	2,085106	34
85011	239	86	47	23	9	5	-	1	1	106	2,255319	39

Statistik 4: Verteilung der Divisionen bei zwanzig ungeraden Zahlen

Anmerkung: Die Zahlen wurden nach Modifikationslänge und nach Anzahl der Divisionen geordnet. Die farblich hervorgehobenen Zahlen ergeben in den Divisionsbereichen die gleiche Anzahl an Modifikationen.

Auffallend ist, dass das Verhältnis von Einmaldivisionen zu Mehrfachdivisionen bei längeren Lösungswegen deutlich kleiner ist als bei kurzen. Es zeigt sich aber, dass ein Übergewicht der Mehrfachdivisionen zu kürzeren Lösungswegen führt. Oder umgekehrt: Kurze Lösungswege können nur dort auftreten, wo die Mehrfachdivisionen ein deutliches Übergewicht haben. Beeinflussbar ist das selbstverständlich nicht. Allerdings dürfte das auch der Grund sein, dass das System nicht allgemein berechenbar ist, in dem Sinne, dass man eine Startzahl nimmt und anhand einer Formel (Logarithmus, Quadrat-Rechnungen, Modulo-Berechnungen oder Ähnliches) sagen kann, ob es einen Weg bis zur Zahl 1 gibt oder nicht.

Abschließend noch ein kurzer Ausblick auf die geraden Zahlen. Auch hier wurde zwanzig Zahlen rund um die Zahl 85001 untersucht.

gerade Zahlen 84982 bis 85020

m Anzahl der Multiplikationen
d 1x Anzahl der Einmaldivisionen
d nx Anzahl der Mehrfachdivisionen

sum mod — Anzahl der Modifikationen

	=m+d	m	d 1x	d 2x	d 3x	d 4x	d 5x	d 6x	d 7x	d 8x	d 9x	d 10x	d nx	d nx/d 1x	anz dnx
85008	55	16	4	6	3	2	-	1	-	-	-	-	35	8,75	12
85012	55	16	4	6	3	2	-	1	-	-	-	-	35	8,75	12
85006	58	16	5	4	5	2	-	1	-	-	-	-	37	7,4	12
85014	58	16	5	4	5	2	-	1	-	-	-	-	37	7,4	12
85016	58	16	5	4	5	2	-	1	-	-	-	-	37	7,4	12
85018	58	16	5	4	5	2	-	1	-	-	-	-	37	7,4	12
84998	58	16	5	5	3	3	-	1	-	-	-	-	37	7,4	12
85002	58	16	5	5	3	3	-	1	-	-	-	-	37	7,4	12
85004	58	16	5	5	3	3	-	1	-	-	-	-	37	7,4	12
85000	58	16	4	6	4	2	-	1	-	-	-	-	38	9,5	13
84996	58	16	3	8	3	2	-	1	-	-	-	-	39	13	14
84986	102	33	16	9	4	3	1	1	-	-	-	-	53	3,3125	18
84982	102	33	14	13	2	3	1	1	-	-	-	-	55	3,92857	20
84984	107	33	16	9	4	3	2	1	-	-	-	-	58	3,625	19
84992	116	40	23	9	4	2	1	-	-	-	-	1	53	2,30435	17
84990	145	52	30	10	5	4	1	-	1	-	-	-	63	2,1	21
84988	147	52	29	13	5	2	2	-	1	-	-	-	66	2,27586	23
85020	147	52	27	14	6	3	2	-	-	-	-	-	68	2,51852	25
84994	222	81	47	18	8	6	2	-	-	-	-	-	94	2	34
85010	234	81	48	24	8	5	-	1	1	-	-	-	105	2,1875	39

Statistik 5: Verteilung der Divisionen bei zwanzig geraden Zahlen

Die Ergebnisse dieser bescheidenen Statistikansätze bei den Varianten 3n + 1 und 5n + 1 zeigen also ein widersprüchliches Bild und bestätigen den schon früher geäußerten Verdacht, dass weder die Startwerte noch die Modifikationslängen für das Verständnis des Collatz-Problems eine Rolle spielen. Die Modifikationslänge ist vom Startwert unabhängig. Das Übergewicht von Divisionen, die ein Ergebnis kleiner als den Startwert hervorbringen, scheint bei langen Modifikationswegen für einen vollständigen Abbau der Startzahl zum Ziel zu sprechen, auch wenn das Verhältnis 3:1 nicht ausgenützt wird. Sowohl Statistik 4 als auch Statistik 5 zeigen, dass bei der Variante 3n + 1 das Verhältnis von Einfach- zu Mehrfachdivisionen in der Nähe von 2 liegen kann, in der Hälfte der Fälle aber weit darüber liegt, auch weit über 3. Wichtig ist eigentlich immer die unterschiedliche Abfolge von Multiplikationen und Divisionen. Sie ist für jede Startzahl individuell. Diese unterschiedlichen Abfolgen zeigen, dass verschiedene Zahlen nicht nur die gleiche Modifikationslänge haben können, sie können auch gleiche viele Multiplikationen und Divisionen (und Mehrfachdivisionen) haben.

Darüber hinaus zeigen die Statistiken, dass sie keine brauchbaren Erklärungen für das Collatz-Problem liefern können. Sie können vielleicht einzelne Phänomene erklären. Entscheidend ist nicht nur das Verhältnis der Anzahl der Multiplikationen zu den Divisionen, ebenso entscheidend ist die unterschiedliche Abfolge der beiden Berechnungsarten. Gerade Letzteres scheint es unmöglich zu machen, eine allgemeine Formel für Lösungen zu finden, da sowohl die Anzahl der einzelnen Berechnungen, als auch die unterschiedliche Abfolge nicht per Formel berechenbar ist. Beides kann nur durch Einzelberechnungen ermittelt werden. Eine Aussage durch eine Formel für alle natürlichen Zahlen zu finden scheint also unwahrscheinlich zu sein.

Gerald Lichtenegger, © 2025

Quellen/Weblinks

Gert Scobel: YouTube-Vortrag, *Diese Formel kann niemand lösen!,* https://www.youtube.com/watch?v=CNsMLqC_mis

Anton Bogner: *Die Collatz Vermutung,* https://www.ahs-wolkersdorf.at/wp-content/uploads/2023/06/Collatz_Vermutung_Bogner.pdf

Kevin Hartnett: *Das Collatz-Problem, Sirenengesang für Mathematiker,* https://www.spektrum.de/news/collatz-problem-fuer-fast-alle-zahlen-fast-bewiesen/1692796

G.J. Wirsching: *Das Collatz-Problem,* https://www.spektrum.de/lexikon/mathematik/das-collatz-problem/1712

Franziska Bechtold: *Dieses simple mathematische Problem kann niemand lösen,* https://futurezone.at/science/mathematik-collatz-problem-vermutung-3n1-terence-tao/401862680

Ingo Althöfer: *Neues zum 3n+1-Problem,* https://althofer.de/neues-zum-collatz-problem.pdf [10.10.2024]

Andreas Loos, Paul Blickle und Julian Stahnke: *Mathe zum Mitspielen,* https://www.zeit.de/wissen/2020-02/mathematik-spiele-gimps-rechnen-computer/komplettansicht

Oliver Müller: *Die Collatz Vermutung – einfach zu verstehen, (fast) unmöglich zu meistern,* https://scilogs.spektrum.de/prosa-der-astronomie/die-collatz-vermutung-einfach-zu-verstehen-fast-unmoeglich-zu-meistern/

Ulrich Walter: *Gibt es einen Beweis für die Collatz-Vermutung?* https://www.welt.de/wissenschaft/article160308540/Gibt-es-einen-Beweis-fuer-die-Collatz-Vermutung.html

Wikiwand: *Collatz-Problem,* https://www.wikiwand.com/de/articles/Collatz-Problem, (kein Autor angegeben)

Terence Tao: YouTube-Vortrag, *The notorious Collatz conjecture,* https://www.youtube.com/watch?v=X2p5eMWyaFs

Wikipedia: *Collatz-Problem,* https://de.wikipedia.org/wiki/Collatz-Problem

Wikipedia: https://de.wikipedia.org/wiki/Graph_(Graphentheorie)

Wikipedia: https://de.wikipedia.org/wiki/Graphentheorie

Duden: https://www.duden.de/suchen/dudenonline/

Jürgen Dankert: https://www.juergendankert.de/spezmath/html/collatzm.html

Anhang 1 – Zahlenräume

Siehe auch Kapitel 2.5, Vorhersage von Zahlen – Vereinfachte Einzelberechnung

Wir bilden einen Baum, also von unten nach oben. Die Tabellen starten jeweils mit der ersten Zahl eines Zyklus der Variante 3n + 5: 19, 23 und 5.

Der erste Schritt ist eine Collatz-Modifikation einer ungeraden Zahl. Dabei wird nach der Multiplikation mit 3 die Zahl 5 hinzugefügt. In der Klammer neben der Zahl werden diese beiden Rechnungen getrennt ausgewiesen. Beispiel: 19 → 62 (19*3 + 5) rot die Addition, schwarz die Zahl der Startzahlmultiplikation, wobei die Startzahl 19 als Faktor immer getrennt ausgewiesen wird. Dasselbe geschieht in allen darüber liegenden Zahlen, die mit umgekehrter Collatz-Modifikation erstellt werden.

Wenn man nun die verschiedenen Türme einer Startzahl betrachtet, sieht man, dass bei gleicher Anzahl an Modifikationen (die Zahlen stehen dann in der gleichen Zeile) der Faktor neben der Startzahl (schwarz) gleich ist, die Additionszahlen (rot) sind unterschiedlich und machen die Differenz zwischen den Zahlen aus. Das wiederholt sich nun bei allen drei Startzahlen. Ein Faktor der schwarzen Zahlen ändert sich mit der Collatz-Modifikation, während der Startzahlenfaktor immer gleichbleibt und in jeder Zahl vorhanden ist.

Die Additionszahlen ändern sich selbstverständlich auch mit den Collatz-Modifikationen, sind aber bei allen drei Tabellen bei gleicher Anzahl von Modifikation immer die gleichen.

Da sich der Startzahlenfaktor in allen Zahlen wiederfindet und auch bei allen weiteren Zahlen erhalten bliebe, kann man erkennen, dass Zahlen mit dem gleichen Startzahlenfaktor zum selben Zahlenraum gehören. Die Startzahlenfaktoren zeigen, welche Zahlen zu einem Zahlenraum gehören und wie sich Zahlenräume daher unterscheiden.

> **Anmerkung:** Die Zahlen der Zyklen sind in dem Fall nicht ganz vergleichbar, da die Zyklen unterschiedlich lang und unterschiedlich gestaltet sind. Der Startzahlenfaktor bleibt aber immer erhalten.

3n + 5, s = 19

		21156 (19*1024 + 1700)		21136 (19*1024 + 1680)	21056 (19*1024 + 1600)
		10578 (19*512 + 850)		10568 (19*512 + 840)	10528 (19*512 + 800)
	15872 (19*768 + 1280) = (19*256 + 425)*3 + 5 ←	5289 (19*256 + 425) = (19*768 + 1280 - 5)/3		5284 (19*256 + 420)	5264 (19*256 + 400)
	7936 (19*384 + 640)			2642 (19*128 + 210)	2632 (19*128 + 200)
	3968 (19*192 + 640) = (19*64 + 105)*3 + 5 ← ← ← ← ←			1321 (19*64 + 105)	1316 (19*64 + 100)
	1984 (19*96 + 160)				658 (19*32 + 50)
	992 (19*48 + 80) = (19*16 + 25)*3 + 5 ← ← ← ← ← ← ← ← ← ←				329 (19*16 + 25) = (19*48 + 80 - 5)/3
	496 (19*24 + 40)				
Start	248 (19*12 + 20) = (19*4 + 5)*3 + 5 ←		81 (19*12 + 20 - 5)/3 = (19*4 + 5) = (76 + 5)		
↓	124 (19*6 + 10)				
19 (19) → →	62 (19*3 + 5)		196 ((19*3 + 5)/2)*3 + 5)*2 = (171 + 25)		
↑	31 (19*3 + 5)/2 → →		98 ((19*3 + 5)/2)*3 + 5 = (85,5 + 12,5)		
↑			49 ((19*3 + 5)/2)*3 + 5)/2 = (85,5 + 12,5)/2		
↑			↓		
↑	↓		← ← ← ←		
↑	152 ((((19*3 + 5)/2)*3 + 5)/2)*3 + 5 = (49*3 + 5)				
↑	76 (((((19*3 + 5)/2)*3 + 5)/2)*3 + 5)/2 = (49*3 + 5)/2				
↑	38 (((((19*3 + 5)/2)*3 + 5)/2)*3 + 5)/2)/2 = (49*3 + 5)/4				
← ← ←	19 (((((19*3 + 5)/2)*3 + 5)/2)*3 + 5)/2/2/2 = (49*3 + 5)/8				

3n + 5, s = 23

		25252 (23*1024 + 1700)		25232 (23*1024 + 1680)	25152 (23*1024 + 1600)
		12626 (23*512 + 850)		12616 (23*512 + 840)	12576 (23*512 + 800)
	18944 (23*768 + 1280) = (23*256 + 425)*3 + 5 ←	6313 (23*256 + 425) = (23*768 + 1280 - 5)/3		6308 (23*256 + 420)	6288 (23*256 + 400)
	9472 (23*384 + 640)			3154 (23*128 + 210)	3144 (23*128 + 200)
	4736 (23*192 + 320) = (23*64 + 105)*3 + 5 ← ← ← ← ←			1577 (23*64 + 105)	1572 (23*64 + 100)
	2368 (23*96 + 160)				786 (23*32 + 50)
	1184 (23*48 + 80) = (23*16 + 25)*3 + 5 ← ← ← ← ← ← ← ← ← ←				393 (23*16 + 25) = (1104 + 80 - 5)/3
	592 (23*24 + 40)				
Start	296 (23*12 + 20) = (23*4 + 5)*3 + 5 ←		97 (23*12 + 20-5)/3 = (23*4 + 5) = (92 + 5)		
↓	148 (23*6 + 10)				
23 (23) → →	74 (23*3 + 5)		232 ((23*3 + 5)/2)*3 + 5)*2 = (207 + 25)		
↑	37 (23*3 + 5)/2 → → →		116 ((23*3 + 5)/2)*3 + 5 = (103,5 + 12,5)		
↑			58 (((23*3 + 5)/2)*3 + 5)/2 = (103,5 + 12,5)/2		
↑			29 (((23*3 + 5)/2)*3 + 5)/2/2 = (103,5 + 12,5)/4		
↑			↓		
↑	↓		← ← ← ←		
↑	92 (((23*3 + 5)/2)*3 + 5)/2/2)*3 + 5 = (87 + 5)				
↑	46 ((((23*3 + 5)/2)*3 + 5)/2/2)*3 + 5)/2 = (87 + 5)/2				
← ← ←	23 ((((23*3 + 5)/2)*3 + 5)/2/2)*3 + 5)/2/2 = (87 + 5)/4				

						6820	(5*1024 + 1700)			6800	(5*1024 + 1680)				6720	(5*1024 + 1600)
						3410	(5*512 + 850)			3400	(5*512 + 840)				3360	(5*512 + 800)
			5120	(5*768 + 1280) = (5*256 + 425)*3 + 5	←	1705	(5*256 + 425) = (5*768 + 1280 - 5)/3			1700	(5*256 + 420)				1680	(5*256 + 400)
	3n + 5 s = 5		2560	(5*384 + 640)						850	(5*128 + 210)				840	(5*128 + 200)
			1280	(5*192 + 320) = (5*64 + 105)*3 + 5	←	←	←	←	←	425	(5*64 + 105) = (5*192 + 320 - 5)/3				420	(5*64 + 100)
			640	(5*96 + 160)											210	(5*32 + 50)
			320	(5*48 + 80) = (5*16 + 25)*3 + 5	←	←	←	←	←	←	←	←	←	←	105	(5*16 + 25) = (5*48 + 80 - 5)/3
			160	(5*24 + 40)												
Start			80	(5*12 + 20) = (5*4 + 5)*3 + 5	→	25	(5*12 + 20 - 5)/3 = (5*4 + 5) = (20 + 5)									
↓			40	(5*6 + 10)												
5 (5)	→	→	20	(5*3 + 5)												
	↑		10	(5*3 + 5)/2												
	←	←	5	(5*3 + 5)/4 = (3,75 + 1,25)												

Anhang 2 – Berechnung von Zahlen, die bei 1 enden

Berechnung ungerader Vorgänger mit Hilfe von 12 Vorgängertürmen ausgehend von der Zahl 5.

Rote Zahlen sind Vielfache von 3 und können mit 2 beliebig oft multipliziert werden. Weiterführend wurden nur mit jenen ungerade Zahlen gerechnet, die nicht Vielfache von 3 sind.

8*12 = 96   Man erhält 96 ungerade Zahlen im zweiten Durchgang, davon wird mit acht weitergerechnet.

$8^{22} * 12 = 885.443.715.538.058.477.568$ $(= 2^{68} * 3)$

$8^{21} * 12 = 110.680.464.442,257.309.696$ $(= 2^{65} * 3)$

$8^{20} * 12 = 13.835.058.055.282.163.712$ $(= 2^{62} * 3)$

$8^{19} * 12 = 1.729.382.256.910.270.464$ $(= 2^{59} * 3)$

$8^{18} * 12 = 216.172.782.113.783.808$ $(= 2^{56} * 3)$

$8^{17} * 12 = 27.021.597.764.222.976$ $(= 2^{53} * 3)$

$8^{16} * 12 = 3.377.699.720.527.872$ $(= 2^{50} * 3)$

$8^{15} * 12 = 422.212.465.065.984$ $(= 2^{47} * 3)$

$8^{14} * 12 = 52.776.558.133.248$ $(= 2^{44} * 3)$

$8^{13} * 12 = 6.597.069.766.656$ $(= 2^{41} * 3)$

$8^{12} * 12 = 824.633.720.832$ $(= 2^{38} * 3)$

$8^{11} * 12 = 103.079.215.104$

$8^{10} * 12 = 12.884.901.888$

$8^{9} * 12 = 1.610.612.736$

$8^{8} * 12 = 201.326.592$

$8^{7} * 12 = 25.165.824$

$8^{6} * 12 = 3.145.728$

$8^{5} * 12 = 393.216$

$8^{4} * 12 = 49.152$

$8^{3} * 12 = 6.144$

$8^{2} * 12 = 768$

$8 * 12 = 96$

Terence Tao, 2019: ($295.147.905.179.352.825.856 = 2^{68}$)

https://futurezone.at/science/mathematik-collatz-problem-vermutung-3n1-terence-tao/401862680

Berechnung von Vorgängern ausgehend von der Zahl 5.